语言的魔力

SLEIGHT OF MOUTH

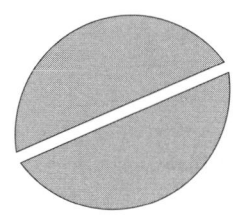

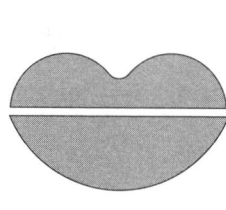

[美]罗伯特·迪尔茨（Robert Dilts）著
谭洪岗 译

北京联合出版公司
Beijing United Publishing Co.,Ltd.

图书在版编目（CIP）数据

语言的魔力 /（美）罗伯特·迪尔茨著；谭洪岗译．—北京：北京联合出版公司，2022.4
ISBN 978-7-5596-5964-4

Ⅰ．①语… Ⅱ．①罗… ②谭… Ⅲ．①心理学—通俗读物 Ⅳ．① B84-49

中国版本图书馆 CIP 数据核字（2022）第 030400 号

语言的魔力

作　　者：[美] 罗伯特·迪尔茨
译　　者：谭洪岗
出 品 人：赵红仕
选题统筹：邵　军
产品经理：张志元
责任编辑：昝亚会
封面设计：末末美书

北京联合出版公司出版
（北京市西城区德外大街 83 号楼 9 层　100088）
北京联合天畅文化传播公司发行
北京旺都印务有限公司印刷　新华书店经销
字数 230 千字　880 毫米 ×1230 毫米　1/32　印张 9.5
2022 年 4 月第 1 版　2022 年 4 月第 1 次印刷
ISBN 978-7-5596-5964-4
定价：56.00 元

献辞

本书诚挚敬献给

理查德·班德勒（Richard Bandler）

约翰·葛瑞德（John Grinder）

米尔顿·艾瑞克森（Milton Erickson）

葛利高里·贝特森（Gregory Bateson）

他们让我懂得了语言的神奇和“神奇”的语言。

致谢

我要感谢：

茱迪芙·迪露西亚（Judith DeLozier），托德·爱普斯坦（Todd Epstein），戴维·戈登（David Gordon）和莱斯利·卡梅伦-班德勒（Leslie Cameron-Bandler），他们在我最早发展出回应术基本理念时给予了我启发和支持。

我的孩子安德鲁和朱丽娅，他们的经历和解释，帮助我理解信念改变的自然过程和信念的“后设结构”（meta structure）。

艾米·赛廷格（Ami Sattinger），帮我校对和编辑此书（她也为我那么多的其他书和选题做了同样的工作）。

约翰·温德斯（John Wundes）将回应术的一些“深层结构”（deeper structure）做成了图片，使我们能更加清楚地了解回应术。约翰还创作了富有创意的封面和每一章开头的精彩插图。

再版译序

放开观念的限制

因为我从事着注定要终身学习的行业（心灵训练和疗愈），最近十多年走南闯北听过不少一流训练师、一流治疗师的课，这本书的作者罗伯特·迪尔茨（Robert Dilts），是我最喜欢的老师之一。

2007 年末刚完成译稿时，我还没见过作者本人。只是在翻译过程中，能感受到他的思维清晰度。《语言的魔力》是罗伯特·迪尔茨的代表作，值得精读。全书主要篇幅在谈转化信念，从限制自己转向鼓舞人心。作者抽丝剥茧、娓娓道来，就如何打破自我限制、开放全新的可能性，提炼总结了一系列精妙的方法，被简称为“回应术”。

当然，好书从来不仅仅是工具、方法的简单罗列。用心品味回应术的一些主旨，能约略瞥见作者的思路，比如：信念要从“问题”框架（关注哪里出了问题，是谁的过错）转向“结果”框架（关注目标和实现目标所需要的资源）。记住这简练的主旨，尤其是身体力行真的照做时，能感觉到只要把目标和资源纳入视野，不再只盯着问题看，那么心量、格局都可以迅速被打开。

这让我对罗伯特这位身心语言程序学（Neuro-Linguistic

Programming，简称 NLP）领域的集大成者，以及 NLP 这一流派，都生起好奇心。那时只大致知道 NLP 起源于模仿——观察各个领域的杰出人物，提取出令他们获得成功的卓越模式，再把卓越模式拆解细分，好让其他有志者便于学习和掌握。这样一套方法论，看来就像一把钥匙，用好了，可以大大缩短学习成长的进程，可以为你打开很多扇门。这样的模仿，也必定不会停留在只求形似，想必真的可以形神兼备地再现卓越元素与卓越模式吧？

我在 2008 年到 2013 年间，陆续听过罗伯特的课 20 多天，得以近距离感受他整个人散发出的宁静而深邃的美。看到这位一流高手在 50 岁以后的持续成长，也真让人心向往之。他把那持续成长称为“进化”。最后一次听他的课，是 2013 年在广州学习“丰盛教练”，有两天罗伯特与好友、杰出的催眠师斯蒂芬·吉利根（Stephen Gilligan）同台授课，两位老师难分伯仲的高超水平，加上相交将近 40 年的默契配合，令人十分难忘。

回想起来，罗伯特本人的温度和光亮，与多年功力的自然流露，给人的印象深过他所传授的方法和技巧。记得他在课程里一再提到：真正的成功表现为慷慨和感恩——你能对所得到、所拥有的心怀感恩，又能够大方地分享，这才叫成功，两个特质缺一不可。无论眼前拥有了多少物质或精神财富，若还牢牢把守着，不肯大方地给予；或贪心不足，总觉得不够；或自以为是，认为理所应当得到这些……那都算不上成功，仅仅是暂时拥有罢了。还记得他所说的，不要把人生梦想只局限于买彩票中个头奖之类的事情，这样的梦想实在太小了。——他的确有资格这样说。他本人的梦想，是致力于让这个世界变得更值得归属。禁不住要借用 IT 行业友人的话赞叹一声：开发软件的人和只关心软件如何使用的人，关注点与思维高度，有时候的确不在一个层面上！

我是慢慢懂得了志当存高远的意义。无论做什么，心怀大爱，与内心、愿景、资源都有紧密的联结，才容易保持生生不息的强大动力。方法是中性的，没有绝对的高低好坏之分；能达成怎样的效果，要看谁来用它，以及为了什么而使用它。语言也是中性的，触及爱，它才被赋予了力量和魔力。

所有的体悟与学习，都在帮我们走好成长或进化之路。在长成本来的样子这条路上，也真的只有自己的观念，才能够限制自己！有时会联想到：当我们不断放开观念的限制，只保留充满爱和智慧的思想；当我们全然活出真实完整的自己，也尽力利于他人、利于环境；当我们为人生探寻意义，让所有方法、技巧服务心灵，这条路可以走到哪里？保持开放的心，向内看，或迟或早都会直接迎向生命的本源吧。

值此《语言的魔力》再版之际，致谢翻译、出版及再版过程中，给予帮助和付出心血的所有朋友，也祝愿读者朋友们享受阅读带来的启发、触动和共鸣！

谭洪岗

前言

为了写本书，我已经酝酿了很多年。这是一本关于语言的神奇的书，基于 NLP 的原理与特点。我第一次接触 NLP 是在 25 年前，当时我在参加加利福尼亚大学圣克鲁兹分校的语言学课程。这门课的授课者就是 NLP 的创始人之一——约翰·葛瑞德，他和理查德·班德勒刚刚合作完成了他们的开创性著作《神奇的结构》（*The Structure of Magic*，1975 年）第一卷。在《神奇的结构》一书中，他们两人模仿了三位世界顶级心理治疗师弗瑞兹·皮尔斯（Fritz Perls）、弗吉尼亚·萨提亚（Virginia Satir）、米尔顿·艾瑞克森的语言模式和直觉能力。这套模式（被称为“后设模型”）使像我这样主修政治、没有任何治疗经验的大三学生，能够像经验丰富的治疗师一样提问。

后设模型和模仿的过程，两者带来的可能性都令我震撼。对我来说，在人类努力探索的所有领域，模仿都有着重要意义，这些领域包括政治、艺术、管理、科学和教学等。令我震撼的是，模仿的方法论在远远超出心理治疗以外的许多其他领域，包括人际沟通，都可以带来广泛的创新。作为主修政治哲学的学生，我的第一个

“模仿项目”，是运用葛瑞德和班德勒在分析心理治疗时使用的语言过滤器，看看研究从柏拉图的《苏格拉底式的对话》中会出现什么模式。

这项研究既令人着迷，又富有启发性。我感觉苏格拉底的说服能力远远超出后设模型所能解释的。NLP 展现的其他语言，其特点也是如此，例如表象系统中的谓语（显示某一感官感觉模式的描述性词语：“看见”“看”“听见”“听起来”“感觉”“触摸”等）。这些特点会带来洞察，但还不足以把握苏格拉底说服力的所有维度。

当我继续研究那些塑造和影响了人类历史进程的人们的文章和演讲时——这些伟人包括卡尔·马克思、亚伯拉罕·林肯、阿尔伯特·爱因斯坦、甘地、马丁·路德·金等——我开始信服，这些人在用一些共通的基本模式来影响周围其他人的信念。甚至在这些人去世后多年，他们语言中所含的模式仍在塑造和影响着历史。运用回应术模式是我的一个尝试，尝试解码这些人用来有效地说服他人、影响社会信念和信念系统的一些关键语言机制。

与 NLP 创始人之一班德勒共处的一段经历，让我能够在 1980 年有意识地识别和形成这些模式。在一次研讨会上，以口若悬河闻名的班德勒，建立了一个风趣而“偏执”的信念系统，并挑战全班以说服其改变信念（见第九章）。整个班用尽全力，仍丝毫无法撼动班德勒建立的看似铁板一块、不可动摇的信念系统（这个系统建立在我后来称之为“思想病毒”的基础上）。

我是在听班德勒自发创造的各种“语言换框法”时，才得以辨别出他所用的一些结构。虽然班德勒是用这些模式来“反面示范”他的观念，但我仍然意识到这是相同的结构，是林肯、甘地、耶稣等人用来推动积极而有力的社会变革的相同结构。

这些回应术模式基本上是由语言的类别和特征组成，关键信念就通过这些语言类别和特征而建立、转移和转换。它们可以刻画为影响信念的语言换框法和由此而形成的信念心理地图。在回应术出现以来的近 20 年中，它被证明是 NLP 所提供的最有力的有效说服方式之一。与 NLP 的其他特点相比，回应术模式提供了谈笑间转换信念的有效工具。

然而，要有效地传授这些模式，有很大的挑战，因为它是关于语言的，而语言基本上是抽象的。正如 NLP 所承认的，语言是“表层结构”（surface structure），它试图代表或者表达深层结构的含义。为了真正理解和灵活运用某种语言模式，我们必须内化它的深层结构。否则，我们仅仅是在针对所给的例子做肤浅的模仿或“依葫芦画瓢”。为此，要学习和练习回应术，重要的是分辨“小伎俩”与真正的神奇。神奇的改变来自触碰到那些超越语言本身的东西。

迄今为止，回应术模式的典型传授方式是给学习者提供定义和用若干示例来说明不同语言的结构，而后让学习者运用直觉，摸索产生他们自己的模式所需要的深层结构。虽然这在某种意义上反映了我们在孩提时学习母语的方式，但它也存在一定的局限性。

例如，人们（尤其是运用非英语母语的人）会体验到回应术模式的强大和有效，但他们有时也会感到其复杂和迷惑。即使是 NLP 咨询师（包括那些有多年经验的）有时也搞不清楚，这些模式怎么跟其他的 NLP 特点结合使用。

此外，这些模式经常用于对立性的架构：作为主要用于争论或辩论的工具。这给它带来了夸大其词的坏名声。

这些困难有的仅仅是反映了这些模式的发展历史。我先鉴别出并形成了回应术模式，之后才有机会深入探索信念与信念改变的深层结构及其与其他层次的学习和改变的关系。自从初次识别出回应术模式，我已经发展了若干信念改变技术，例如重新烙印（Reimprinting），从失败到反馈模式（the Failure into Feedback Pattern），信念植入过程（the Belief Installation process），后设镜映（Meta Mirror）和整合冲突信念（Integrating Conflicting Beliefs）——详见《用NLP改变信念系统》和《信念：健康和幸福之路》。直到最近几年，我才对信念是如何形成的以及其在认知和神经上是如何保持的有了长足的领悟和理解，我觉得我能够让回应术背后的深层结构足够清晰和准确。

本书的目标是呈现一些领悟和理解，以提供使用回应术模式的基础。在本书中，我的目的是呈现那些回应术模式的潜在原理与深层结构的根据。除了定义和举例外，我也提供了一些可用来练习和使用每种模式的简单结构，并阐明了它们如何与其他的NLP中的前提假设、原理、技术、特点相适应。

我也计划写下一本书，书名为“领导的语言和社会变革”，它会探索和阐明苏格拉底、马克思、林肯、甘地等人如何用这些模式建立、影响和转变那些构成我们现代社会基础的关键信念。

回应术是一个令人着迷的主题。了解回应术的力量和价值在于，它可以帮你在正确的时间说正确的话，而不需要了解正规技巧或特殊情境（如那些与治疗或辩论有关的典型语境）。希望你能享受这段奇妙的旅程，感受语言和对话改变信念的魔力。

罗伯特·迪尔茨

加利福尼亚州，圣克鲁兹

CONTENTS

目　录

第一章

语言与经验

神奇的语言 / 002
语言和身心语言程序学 / 006
地图和实景 / 009
经验（体验） / 012
语言如何框架体验 / 016
“虽然”换框法 / 018

第二章

框架和换框

框架 / 020
转移结果 / 023
换框 / 027
改变框架大小 / 030
情境换框 / 034
意义换框 / 036

批评与“批评家”换框 / 038
回应术模式之意图与重新定义 / 043
“一词换框法”练习 / 046
以“第二人称”的另一种世界观看事情 / 049

第三章 归类

归类的形式 / 054
向下分类 / 057
向上归类 / 059
横向归类（找出比喻） / 061
练习：找到同类 / 064
标记和重新标记 / 066

第四章 价值观与准则

意义的结构 / 070
价值观与动机 / 073
准则和判断 / 075

以重新定义链接准则与价值观 / 077
向下分类以界定关键等同性 / 079
现实检验策略 / 081
现实检验策略练习 / 085
向上归类以识别和运用价值观与准则层次 / 089
准则层次技术 / 95

第五章 信念和预期

信念和信念系统 / 100
信念的力量 / 103
限制性信念 / 105
转换限制性信念 / 107
预期 / 109
预期与回应术模式之后果法 / 113
描绘关键信念和预期 / 117
评估改变的动机 / 120
信念评估单 / 122
用“就像”框架强化信念和预期 / 124
“就像”练习 / 126

第六章
信念的基本结构

信念的语言结构 / 128
复合等同 / 130
因果 / 132
原因的类型 / 135
形式原因的影响 / 138
回应术与信念结构 / 141
价值观审视 / 144
价值观审视工作表 / 149
信念审视 / 151
用反例重新评估限制性信念 / 154
引起限制性信念陈述的语言框架 / 157
产生反例 / 159

第七章
内在状态与自然发生的信念改变

信念改变的自然过程 / 164

信念改变循环 / 166
信念改变与内在状态 / 171
识别和影响内在状态 / 174
练习：启动状态和下锚 / 176
指导和内在指导者 / 177
信念改变循环的程序 / 179
执行信念改变循环 / 182
信念链接 / 184
非语言沟通的影响 / 188

第八章
思想病毒与信念的后设结构

信念的后设结构 / 192
思想病毒 / 196
前提假设 / 205
自我参考 / 211
逻辑类型理论 / 215
对信念或归纳总结反击其身 / 217
“超越”框架 / 222

逻辑层次 / 225
改变逻辑层次 / 231

第九章
系统运用各种模式

回应术模式的定义和举例 / 234
用回应术模式做系统干预 / 245
将回应术用作系统模式 / 246
用回应术创立和维持思想病毒 / 259
回应术与必需的多样性法则 / 266
用回应术换框和破框思想病毒 / 269
练习回应术 / 276

第十章
结论

结论 / 281
后记 / 285

第一章

语言与经验

神奇的语言

回应术与语言和语言的魔力有关。语言是我们建立思想模型的关键因素之一。语言对于我们如何觉知现实、如何回应现实有极大的影响。口头语言是独立于人类种族的典型特征，它也被认为是将人与其他动物区别开来的主要因素之一。例如，精神病学家西格蒙德·弗洛伊德（Sigmund Freud）认为，语言是人类意识的基本工具，因而具有特殊的力量。他曾经写道：

语言与魔法起初是同一件事儿，直到今天，语言仍保持着许多神奇的力量。通过语言，我们可以给别人带来极度的喜悦或最深的绝望；通过语言，老师将知识传授给了学生；通过语言，演说家将听众带入他的思维，甚至主宰着听众的判断和决定。语言能唤起情感，这也是我们影响同类的普遍手段。

回应术模式产生于以下研究：语言是如何做到、如何能够做到以及过去通常怎样冲击和影响着人类的生活。例如，思考一下下面的案例：

一位警官被紧急召到居民住处，处理接到的家庭暴力事件。警官十分警觉，因为她知道在这类典型情况下，她实际上面临着重大的人身威胁。人们，尤其是暴力和愤怒的人们，根本不想让警官介入他们的家庭事务。警官来到那所公寓时，听到里面传出一个男人在咆哮，还听到女人可怕的尖叫声，同时伴随着许多东西被摔碎的声音。突然，一台电视机被扔出前窗，在她面前坠地，摔得粉碎。警官冲到门前尽她所能猛烈地拍门。公寓里传出一个盛怒的男人的声音："他妈的谁啊！"警官看着散落一地的电视机碎片，脱口而出："修电视的！"公寓里沉寂了片刻。最后，那个男人禁不住大笑。于是，他打开门，这名警官得以进行干预，避免了进一步的暴力和肢体冲突。她后来说，那几个字就像数月的近身搏击训练一样有用。

一位年轻的精神病住院病者，被困在自己就是耶稣基督的幻觉中。他每天无所事事，在病房区漫游，向其他病人讲道，但无人搭理他。精神科医生和护工们试图说服年轻人放弃他的幻觉，却毫无进展。有一天，新来了一位医生。他安静地观察这位病人一段时间后，走向年轻人说："我了解你曾经做过木匠。"年轻人回答说："啊……是的，我想是这样。"医生便向这位病人解释，他们正在医院建一间新的娱乐室，需要能做木匠的人帮忙。"我们肯定需要你帮忙，"医生说，"我是说，如果你是那种愿意帮别人的人。"病人当然无法说不，他决定伸出援手。他开始投入这项新工作，并和参与建筑的其他病人、工人建立了新的友谊。这位年轻人开始发展正常的社会关系，并最终离开医院，找到了一份稳定的工作。

在医院的康复室中，一位病人在做完外科手术后苏醒。外科医生前来看她，告知她手术的结果。麻醉药药效尚未过去，病人仍有些晕，也有些紧张，问医生手术做得怎么样。医生说："有个坏消息。我们切除的肿瘤发生了癌变。"病人面对最坏的状况，继续问："那怎么办？"医生说："不过……好消息是我们竭尽所能完全切除了肿瘤，以后就看你的了！"在医生的"以后就看你的了"这句话的激励下，病人重新评估了自己的生活方式和眼前所有可能的选择。她改变了自己的饮食，养成了固定的运动习惯。与手术之前数年那种苦于压力、没有回报的生活相比，她踏上了个人成长之路，澄清了个人的信念、价值观和人生目标。这位病人的生活有了戏剧性的“好转”，几年后，她很幸福，不但身体痊愈，而且比以往任何时候都健康。

一位年轻人在晚宴上喝了好几杯酒。而后他在天寒地滑的天气里开车回家，在他拐弯的时候，突然，他看到前方有人正在过马路。年轻人猛踩刹车，但车停下时，那位行人已经被撞死了。很长时间过去了，年轻人仍然内心一片混乱，悲痛得不知所措。他知道他夺去了一条生命，也无可挽回地损害了死者的家庭。他觉得这次事故完全是他的过错。如果他没有喝那么多酒，就会早一点看到那个行人，他的反应也会更快、更恰当。年轻人越来越沮丧，甚至想自杀。这时，他的叔叔来看他。看着绝望的侄子，叔叔在他身边静静地坐了几分钟。而后，叔叔把手搭在侄子的肩上，简洁而诚恳地说：“无论走到哪儿，都有危险。”年轻人觉得仿佛生命中突然出现了光明。他完全改变了他的人生规划，开始学习心理学，并成为一名为酒后驾车受害者提供哀伤辅导的咨询师，以及一名为酗酒者和因酒后驾车而被捕的人提供治疗的治疗师，他成为治愈和改变许多人生活的积极力量。

一个女孩正准备读大学。她查看了很多可选的学校，最想申请的是当地最有名望的商学院。但她觉得申请那些有名的商学院的人一定非常多，她没有被录取的机会。为了“现实一点”，避免失望，她打算只申请一些普通的学校。在填写申请表期间，她跟妈妈谈了她的想法，并解释：“我想，申请那些名校者一定是人山人海。”妈妈说：“总有空间留给那些够好的人。”妈妈的话中包含的朴素事实鼓舞她向名校递交了申请。让她又惊又喜的是，她被录取了，后来她成为极其成功的商业顾问。

一个男孩正在奋力学习打篮球。他想跟他的朋友们在一个组，可是他的投篮、接球都不好，甚至有些害怕球。随着球队训练的进行，他越来越气馁。他告诉教练他想退出，因为他是个“糟糕的球员”。教练说：“世上没有糟糕的球员，只有对自己的学习能力不自信的人。”教练站在男孩对面把球掷到男孩手中，要求男孩发球，并把球扔回给他。而后教练退后一步，温和地将球投到男孩手里，要求男孩投回去。教练一步一步地退得越来越远，直到男孩隔着很远也能轻松自如地发球和接球。带着对自己学习能力的自信，他回去继续练习，最终成了球队里出色的球员之一。

所有这些案例都有个共同的特点：简单的语言改变了一些人的生活，语言将限制性信念转变为提供更多选择的丰富观点。它们证明了正确的语言在正确的时间，是如何创造力量和积极效果的。

不幸的是，就像语言赋予我们力量一样，它也容易让我们迷惑和限制自己。在错误的时间说错误话会很伤人。

这是一本关于语言的力量是有益还是有害的书，它指出了决定语言影响类型的特性，提供了将有害陈述转化为有益陈述的语言模式。

回应术来源于“障眼法（诡计）”（Sleight of Hand）的概念。“Sleight”这个词出自旧挪威语，意思是诡计多端、狡猾、巧妙、灵巧。“障眼法”是近身魔术师在纸牌魔术中使用的一种方法。这种魔术可以被描述为一种体验——“来无影，去无踪”。比如，魔术师可能在桌上把最小的牌放在一沓牌的顶端，但当他拿起那张牌时，它忽然“变成”了红桃Q。回应术的语言模式有同样的“魔法般”的特性，因为它们经常能极大地改变人们对事物的理解，以及支撑这些独特理解的假设。

语言和身心语言程序学

本书的研究建立在 NLP 的模式与特征基础上。NLP 考查了语言对心理活动程序的影响和神经系统方面的其他功能。NLP 也关注我们的心理活动程序和神经系统是如何塑造语言及语言模式，又是如何反映在语言和语言模式中的。

NLP 的精髓是神经系统（neuro，直译为“神经”，意译为“身心”）的功能与我们的语言能力（Linguistic，“语言”）紧密相连。我们组织和指导自身行为的策略（programming，“程序”），由神经和语言模式构成。在 NLP 创始人理查德·班德勒和约翰·葛瑞德的第一本书《神奇的结构》中，他们尽力界定了弗洛伊德所指的语言的“魔力”下所潜藏的一些原理。

在人类的所有成就中，无论是正面的还是负面的，都涉及语言的运用。我们人类以两种方式使用语言。首先，我们用它描绘我们的经验——并把这个过程称为推理、思考、幻想和预演。当我们把语言用作表象系统时，我们在为自己的体验创立模型。我们运用语言的表象建立的世界观，是基于我们对世界的观点。我们的观点也部分取决于我们的模型或表现。其次，我们彼此是用语言交流我们的世界观或表象。当我们用语言交流时，我们称之为谈话、讨论、写作、演讲和歌唱。

根据班德勒和葛瑞德所说，语言是用来描绘经验、为经验建立模型的工具，也是交流这些模型的工具。事实上，古希腊人用不同的词描述了语言的这两种用途。他们用“表述”这个词来说明语言是沟通交流的媒介，用“理念”这个词说明语言跟思维和理解有关。表述意味着语言或者“对事物的描述”；理念意味着语言跟“理性的显现”有关。古希腊哲学家亚里士多德曾这样描述语言和内心体验的关系：

口语是内心体验的象征，文字是口语的象征。就如人们所写的东西不同，人们说话时的声音也不同，但语言象征的内心体验是一样的，就像我们体验的都是事物的映象那样。

亚里士多德声称文字“象征”我们的“内心体验”，这与 NLP 的概念相呼应。NLP 认为，书面文字和口语仅仅是表层结构，它们由心理和语言的深层结构转换而来。其结果是，语言既反映心理体验，也塑造心理体验。这使语言成为思考和其他意识或无意识心理过程的有力工具。要想越过个人所用的个别语言，接近其深层结构，我们可以去识别和影响语言模式所反映出的深层心理作用。

这样考虑，语言就不仅仅是一个附属品或一套用来交流心理体验的随意的符号；它是心理体验的关键部分。正如理查德和班德勒指出的：

人们用来创立语言表象系统的神经系统，也被人们用来创立其他的各种世界观——视觉的，感觉的，等等。每个系统中都有同样的原理结构在起作用。

因此，语言就与我们其他内部表征系统中的经验和活动相适应，甚至替代这些经验和活动。这句话的一个重要含义是，“谈论”某事不仅仅是简单地反映我们的观点，实际上也创造或改变着我们的观点。这意味着语言在改变和治愈的过程中，担任着深入而特殊的角色。

例如，在古希腊哲学中，“理念”被认为是构成了宇宙万物中支配和统一原则的思想。赫拉克利特将“理念”界定为：所有事物通过它而相互关联，所有自然事件通过它而发生的通用原理。根据斯多葛学派哲学家的说法，“理念”是统领宇宙或创造万物的原理，在所有现实中的作用无所不在，遍及万物。根据古希腊犹太哲学家菲洛的说法，“理念”是终极现实和所感知到的世界之间的媒介。

地图和实景

回应术和NLP语言方法的基石是“地图不是实景”这一原理。这一原理最早由普通语义学奠基人阿尔弗雷德·科日布斯基（Alfred Korzybski，1879—1950年）提出，从而确立了内心地图与世界本身之间的本质区别。科日布斯基的语言哲学对NLP的发展产生了重要影响。科日布斯基在语义学领域的工作和诺姆·乔姆斯基（Avram Noam Chomsky，1928年—）关于转换型语法的符号关系学理论，构成了身心语言程序学在“语言”方面的核心。

科日布斯基的主要著作《科学与理智》（1933年）宣称，人类的进步在很大程度上是他们神经系统灵活的结果，神经系统能够形成和使用符号表征或地图。例如，语言是一种地图或世界观，使我们可以概括和总结我们的经验，并将其传递给他人，让他们不必再犯同样的错误或者重新发明已经存在的东西。科日布斯基认为，人类的语言归纳能力，使我们与动物相比具有更强大的进步；但对语言这一象征机制的误解、误用，也造成了我们的许多问题。他建议人们在使用语言方面接受适当的训练，以避免由于混淆了地图和实景，而带来不必要的冲突和混淆。

例如，科日布斯基在他的“个性法则”中指出：“没有两个人、两种情境或过程中的两个阶段会在所有细节上完全一样。”他强调的是，比起我们独特的经验来，我们的语言和概念少得可怜；这容易导致将两种或更多的情境当成同一个，或者“混淆在一起”（如NLP

中所说的“一般化”和“模糊性”)。例如，“猫”这个词，可以用来代表成千上万不同的动物，代表同一只猫生命中的不同时期，代表我们内心的想象，代表插图或照片，比喻性地代表某个人（像猫一样灵巧的人），或者仅仅表示 c–a–t 这三个字母的组合。这样，当有人用到“猫”这个词时，我们并不清楚他 / 她是在说四条腿的动物、三个字母的单词，还是两条腿的原始人类。

科日布斯基相信，若要改善沟通效果，让人们学会欣赏日常经验的独特性，重要的是教人们识别和超越他们自己的语言习惯。他探索和发展了一些工具，促使人们在评估体验时能够较少根据平日的语言的含义，而是更多地依据每种情境的独特事实。科日布斯基的目标是鼓励人们延迟即刻反应，去发现情境的独特性，寻找替代解释。

科日布斯基的理念和方法是 NLP 的基础之一。事实上，科日布斯基在 1941 年就提到，“身心语言程序学”是普通语义学的重要研究领域。

NLP 提出，我们都有自己的世界观，世界观建立在内在地图的基础上，地图通过我们的语言和感官表象系统而形成，是个体生命经验的结果。是这些“身心语言”地图，而非现实本身，决定我们如何解释周围的世界和对世界做出反应，如何赋予我们的行为和经历意义。就像莎士比亚在《哈姆雷特》中说的：“事物无所谓好坏，是思考赋予它好或坏的含义。”

NLP 创始人理查德 · 班德勒和约翰 · 葛瑞德在他们的第一本书《神奇的结构》第一卷中指出，对世界做出有效反应和较无效反应的人，他们的差别主要在于其内心世界观的功能：

能够创造性地反应和有效应对的人，是那些对其情境建立丰富的表象或模型的人，他们行动时能感知到广泛的选择。另一些人则觉得只有很少的选择，而且哪一个都没有吸引力。我们发现的并非是世界过于局限或别无选择，但是这些人阻止自己看到那些对他们开放的选择和可能性，因为在他们的世界观中其不可用，于是他们无法获得这些选择和可能性。

科日布斯基对地图与实景的区分意味着，决定我们如何行动的，是我们关于现实的心理模型，而非现实本身。因此，持续拓展我们的地图非常重要。正如伟大的科学家阿尔伯特·爱因斯坦所说："我们的思维创造了同类思维无法解决的问题。"

NLP 的核心信念是，如果你能丰富或拓宽自己的地图，会感觉到同样的现实为你提供了更多的选择。结果，无论你做什么，你都可以表现得更有效、更聪明。NLP 的根本使命是创造工具（例如回应术模式），帮助人们拓宽、丰富和增加他们关于现实的内在地图。根据 NLP 的理念，你关于世界的地图越丰富，你处理现实挑战时拥有的可能性就越多。

从 NLP 的观点来看，没有简单的正确或错误的世界地图。每个人都有自己独特的地图或世界观，没有谁的地图比别人的更真实或现实。事实上，最有效能的人，是那些其世界地图能帮自己觉察到最多的可能选择和观点的人。他们觉察、组织和回应世界的方式更宽广和丰富。

经验（体验）

我们的世界地图可以与我们对世界的经验相对应。经验，是指感知、感受和觉察我们周围的世界，以及我们的内心对这个世界反应的过程。我们对日落、争辩、休假的体验，与我们对这些事件的感知和参与有关。根据 NLP 的观点，我们的经验由感官所接收的外部环境的信息和内部升起的相关记忆、幻想、感觉和情绪构成。

“经验”这个词也用来指生活中所累积的知识。我们感知到的信息被不断地编码，或者被叠加到以往的知识中。因此，我们的经验是我们每个人用来创造世界地图或世界观的原材料。

感官体验是指通过某种感官（眼睛、耳朵、皮肤、鼻子或舌头）所接收到的信息，以及从这些信息中获得的外部世界的知识。感官是人类和动物感知周围世界的官能。每个感官通道都是某种只回应一定范围的刺激（光波、声波或生理接触等）的过滤器，并且随着刺激种类不同而变化。

作为我们与外界互动的主要方式，感官是我们的“世界之窗”。我们关于自身存在的所有信息都是通过这些感官的窗口获得的。因此 NLP 高度看重感官体验。NLP 认为，感官体验是我们所有外界知识的最初来源，也是我们建构世界观的基本材料。有效的学习、沟通和模仿，都扎根于感官体验。

感官体验可以与其他类型的体验（例如幻想和幻觉）做对照，后者产生于人脑内部而不是由感官所接收。除了感官接收的体验外，人类也有内部知识网络和由内在体验所建构的信息，例如思维、记忆、信念、价值观和自我感。我们内在的知识网创立了另一套内部过滤器，来集中和指导我们的感觉（也会对感官接收的信息加以删减、扭曲和归纳总结）。

感官体验是我们获得新的现实信息和拓展地图的主要方式。我们既有的内部知识常常会过滤掉新的有潜在价值的感官体验。NLP 的使命之一是帮助人们丰富所能够接收的感官体验的量，这是通过拓宽奥尔德斯·赫胥黎所说的放松意识的“阀门”来实现的。NLP 的创始人约翰·葛瑞德和理查德·班德勒不断催促他们的学生“运用感官体验”，而不是运用投射或幻觉。

事实上，大部分 NLP 技术都基于观察技能，试图最大化我们对情境的直接感官体验。根据 NLP 模型，有效的改变来自“复苏感官”的能力。要做到这一点，我们必须学会停用内部的过滤器，直接感受我们周围的世界。实际上，NLP 最重要的基本技巧之一是实现“活在当下”状态的能力。活在当下是一种状态，在这种状态下，一个人的所有感官意识的状态都集中在“此时此地”的外部环境中。活在当下，以及在活在当下的状态下所增加的感官体验，帮助我们充分觉察和享受生活，觉察和享受周围众多学习的可能性。

因此，我们对某物的体验，可以和关于体验的地图“理论”“描述”相对应。在 NLP 中，原生体验和次生体验有区别。原生体验跟我们实际从感官接收和觉察到的信息有关；次生体验则跟我们用来描述和组织原生体验的语言和象征性地图有关。原生体验是我们直接觉察周围实景的功能。次生体验则来自心灵地图，它用来描述和解释这些感知，并且对其进行明显的删减、曲解和概括。当我们直接体验某件事时，我们对我们的感觉或感受没有自我意识或游离的想法。

正是我们的原生体验给我们的生活带来了活力、创造力以及独特的感觉。我们的原生体验要远比我们所能创造的任何地图或描述更丰富和完整。那些成功并享受生活的人，拥有更直接地体验世界的能力，而不是通过过滤“应该”体验或“期待”体验的东西来淡化生活本身。

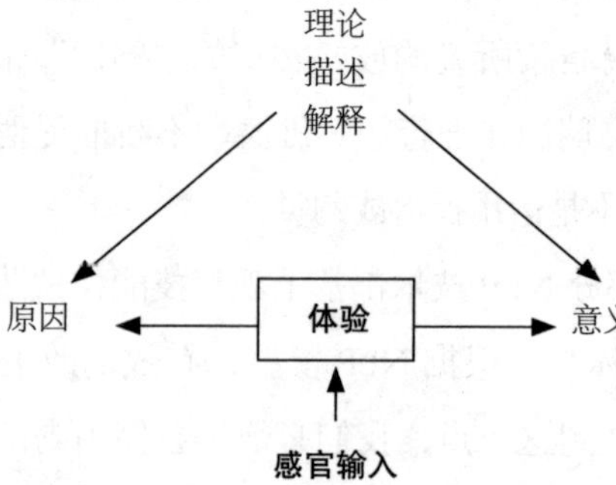

图 1–1　我们的体验是创立世界观的原材料

从 NLP 的观点来看，我们的主观体验就是我们的“现实”，并优先于与体验相关的任何理论或解释。如果某人有“非同寻常”的体验，比如“精神”或“前世”的体验，NLP 并不质疑其正确性。与体验的原因或社会意义有关的理论或解释，可能会被质疑或争论，但体验本身是我们生活的精华的一部分。

NLP 的过程和练习极其强调体验。NLP 建立在“由体验引领”的活动（尤其着眼于发现的活动）的基础上。一旦我们能够直接体验而不被判断或评估污染，我们对体验的反应会丰富和有意义得多。

回应术像其他 NLP 的特点和模型一样，帮我们增强对过滤器和地图的认识，后者会阻碍和扭曲我们对真实世界和潜在真相的体验。认识得更清楚，我们便获得了自由。回应术模式的目标是帮助人们丰富其视角，拓展其世界地图，与体验重新联结。

总之，回应术可以被刻画为“语言换框法”，它影响着信念及形成信念的心灵地图。它起作用的方式是让人们感知或体验某些情境设立框架或换框。回应术模式引领人们用新的方式标记其体验，并获得不同的的观点。

语言如何框架体验

语言不仅描绘了我们的体验，也常常“框定”了我们的体验。语言将体验的某些方面置于显著位置，将其他留在背景中，以此来架构体验。例如，考虑一些不同的连接词“但是”“同时”“虽然”。当我们用不同的词将想法或体验连接起来时，这些词会引领我们注意体验的不同侧面。如果有人说“今天天气晴朗，但是明天会下雨”，这会让我们更多地关注明天会下雨，而忽略今天天气晴朗这个事实。如果是用“同时”来连接这两个相同的表达——即“今天天气晴朗，同时明天会下雨”，则两件事被同等强调。如果是说“今天天气晴朗，虽然明天会下雨”，则会影响我们注意前半句的陈述——今天天气晴朗，把后半句的陈述遗忘到背景中。

今天天气晴朗 **但是** 明天会下雨	今天天气晴朗 **同时** 明天会下雨	今天天气晴朗 **虽然** 明天会下雨

图 1–2　特定的语言为体验设立了框架，将不同方面置于显著位置

无论表达什么内容，这种语言设框和换框都会发生。比如这几个陈述：“我今天很快乐，但是我知道这不会持续下去”“我今天很快乐，同时我知道这不会持续下去”“我今天很快乐，虽然我知道这不会持续下去”，其强调点的变化与描述天气时一模一样。在下列陈述中同样如此：“我想做出成果，但是我有一个问题”“我想做出成果，同时我有一个问题”“我想做出成果，虽然我有一个问题”。

当某些结构在不同内容中被以同样的方式运用时，我们称之为“模式”。例如，有些人有这样的习惯性模式：用“但是”这个词不断抵消其体验的积极面。

这种语言框架会明显影响我们解释和回应特定陈述与情境的方式。考虑下述陈述：“你能做任何你想做的事情，如果你愿意足够努力。”① 这是一个非常肯定而被赋予力量的信念。它用因果关系将体验的两个重要部分连在一起：“做任何你想做的事情”和“足够努力”。“做任何你想做的事情”非常能激发动机。“足够努力”就不那么让人向往了。但由于我们将这两部分联系在了一起，并将“做任何你想做的事情”放在显著位置，它就能给人创造一种强烈的动力，将梦想、愿望和使之发生的必要资源连在了一起。

注意，如果你颠倒顺序说“如果足够努力，你能做任何你想做的事情”，会发生什么？虽然这句话用了完全一样的词句，它的影响力还是会有点减弱，因为“努力”的意愿被放到了显著位置。这更像是试图说服某人去“努力”，而不是肯定“你能做任何你想做的事情”。在第二个框架中，“做你想做的”更像是“努力”的回报。在第一个陈述中，“努力”则被架构为“做你想做的事情”所需的内在资源。虽然这个差异很细微，却足以对接收和理解信息造成明显影响。

①作者注：非常感谢特蕾莎·爱波斯坦（Teresa Epstein）提供这个例子。

“虽然”换框法

识别语言模式，可以让我们创造语言工具，帮我们塑造和影响从体验中认识到的意义。范例之一就是“虽然”换框法。运用这个模式，是在任何句式中通过简单的使用“虽然”来代替“但是”，以减少和忽略一些积极的体验。

用下列步骤来尝试它：

1. 识别出用“但是”来贬损积极体验的陈述。

例如：我找到了解决问题的办法，但是问题以后可能还会出现。

2. 用“虽然”这个词来代替“但是”，注意一下这会如何转移你注意的焦点。

例如：我找到了解决问题的办法，虽然问题以后可能还会出现。

这个结构使人们保持了正面的关注点，也满足了保持平衡观的需要。我发现，这个技术对那些倾向于使用“是的，但是……”模式的人来说非常有效。

第二章

框架和换框

框　架

“心理框架”是指在互动中全面指导思想和行为的关注点和方向。在这个意义上，框架与特定事件或体验中所认知的情境有关。框架像它的字面含义那样，建立了环绕互动关系的边界和约束。由于框架会标记体验、指引注意的焦点，它会极大地影响解释和回应具体体验与事件的方式。例如，一次痛苦的记忆可能由于很迫近而成为强烈的体验，因为它处在事情刚过去五分钟的较短的“时间”框架中。当用一生作为背景来看待时，同样的痛苦体验可能显得微不足道。框架会让互动更有效率，因为它们会决定哪些信息和议题是在互动范围内还是范围外。

“时间”框架是设立框架的常见例子。例如，为会议或练习设定十分钟的框架，会极大地影响召开会议的结果。这会决定人们把注意力放在哪里，互动中适合包含哪些主题和议题，做出何种努力和尽多大程度的努力。如果同一次会议或练习的“时间”框架是一小时或三小时，动力会截然不同。较短的“时间”框架让人们聚焦于任务，而较长的“时间”框架则有可能让人更注意发展关系。如果一次会议的时间限制设定为 15 分钟，这次会议更有可能被看作是任务导向，而不是一个开放性的结果、探索性的头脑风暴式的会议。

NLP 的共通框架包括“结果”框架、“就像”框架、“反馈而非失败”框架。例如，“结果”框架主要强调建立和保持聚焦于目标或渴望的状态。建立“结果”框架，就是致力于考虑评估所有与达成特定目标或渴望的状态一致的活动或信息。

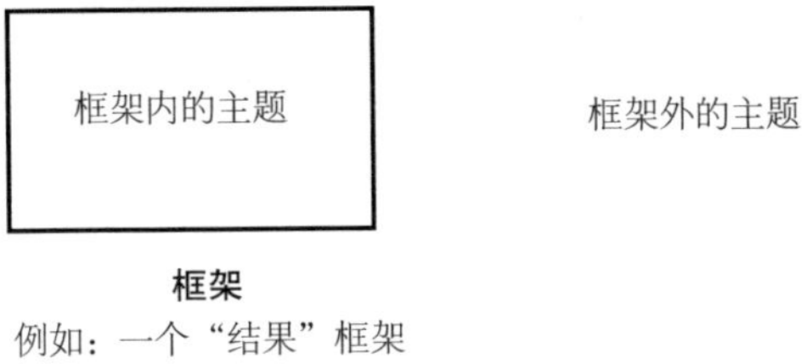

图 2-1　框架引领关注点并影响对事件的解释

与“问题”框架相比，“结果”框架很有用。“问题”框架强调的是“出了什么问题”或“不想要什么”，而不是“渴望什么”或“想要什么”。“问题”框架导致聚焦于不受欢迎的症状和寻找症状的原因。相比之下，“结果”框架聚焦于渴望的结果和效果，以及达成结果所需的资源。因此，“结果”框架包括保持解决问题的焦点，以及导向未来的积极的可能性。

“结果”框架与“问题”框架的比较，如下面所示：

“结果”框架	“问题”框架
你想要什么？	出了什么问题？
你怎样能得到它？	为什么会是问题？
有哪些可用的资源？	是什么原因导致的？
	是谁的过错？

“结果”框架的运用包括将问题陈述重新表述为目标陈述，将消极的描述转换为积极的描述的技巧。例如，从 NLP 的观点看，所有问题都可以被重新视为挑战，或者改变、成长、学习的“机会”。这样看来，所有“问题”都是以预期的结果为前提的。如果有人说“我的问题是我害怕失败”，可以设想这意味着有一个目标：“相信我将获得成功”。同样的，如果问题是“利润下降”，可以设想预期的结果是“提高利润”。

人们经常无意中负面陈述他们要的结果，例如“我想避免尴尬”“我想戒烟”“我想摆脱这种冲突”等。这样做会把注意力集中在问题上，而且经常事与愿违，形成与问题状态有关的嵌入式建议。试想一下，“我想要不害怕”实际上带着暗示，“害怕”是思想本身的一部分。采用“结果”框架则会问“你想要什么”，或者“如果你不害怕，你会感受到什么”。

作为有效解决问题的一部分，尽管查看症状及其原因很重要，然而在达到理想状态的情况下检查症状及其原因也很重要。否则，探索症状和其成因无法带来任何问题的解决。当结果或渴求状态成为获取信息的焦点时，虽然没有充分理解问题的状态，但也常常能找到解决方案。

其他 NLP 框架以类似方式运作。“就像”框架的重点是，表现得“就像”一个人已经实现了期望的目标或结果。“反馈”与“失败”的对比框架，强调的是如何将看似是问题的症状和错误解释为反馈，而不是失败，这有助于进行纠正，从而达到预期的状态。

也许运用回应术语言模式的最根本目标，是帮人们改变其观点：（1）从“问题”框架转向“结果”框架；（2）从“失败”框架转向“反馈”框架；（3）从“不可能”框架转向“就像”框架。本书开头，警官、精神病学家、医生、教练等人的例子，都证实了改变认识环境和事件的框架的效果。精神病学家、医生、提供支持的叔叔、妈妈及教练，都帮助人们将对“问题”或“失败”的认识置于“结果”或“反馈”的框架中。注意力从“问题”转向“结果”时，新的可能性便出现了。（虽然警官把她自己称为“修电视的”，也是隐喻性地转换到“结果”框架和“反馈”框架的方式——强调“修理”需要的东西，而不是“摆脱”不需要的东西。）

转移结果

人们早已指出“目标指引行动”。因此，特定的结果本身就设置了框架，来决定什么被看作是相关的、成功的或“框架内的”；什么被认为是无关的、无用的或“框架外的”。例如，在头脑风暴式的会议上，目标的结果是“提出新的、独特的想法”。考虑这个结果，那么，做不寻常的比喻、讲夸张的笑话、问愚蠢的问题、有点天马行空，都是相关的、有帮助的行动。而将已有的解决方案或政策作为“正确答案”，评价某些想法是否“现实可行”，既不适宜也没有帮助。

另一方面，如果不是做头脑风暴，而是与重要客户谈判，会议到了最后阶段，则会议的结果会是“就完成或交付某项具体产品，或者决定某项干预的优先权，建立和达成共识”。考虑这个结果，突然使用不寻常的比喻、讲夸张的笑话、问愚蠢的问题、有点天马行空，就不太会被看作与目标相关或有帮助（当然，如果谈判陷入僵局，需要一点脑力激荡来渡过难关，就另当别论）。

同样的，不同的行为会被认为与“认识彼此”有关或有帮助，而与“临近最后期限”无关。那么，改变将我们的注意力集中于特定情况或互动的那个结果，将会改变我们对该情境相关或有意义的判断和认识。

回应术模式中的“另一个结果”，是指做出陈述，将人们的注意力从已被某种判断或总结定格或暗示的目标，转向一个不同的目标。

这一模式的目的是挑战（或加强）该判断和总结的适宜性。

例如，我们来谈谈一位参与研讨会的人，在做练习后感到挫败，因为他/她“没有得到预期的结果”。人们会这样感觉，通常是因为他/她有一个想象的结果——“做得完美”。对于这个结果来说，像“没有得到预期的结果，说明做错了什么或能力不足”这样的判断或总结是合适的。然而，将研讨会练习的结果从“做得完美”改成“探索”“学习”“发现新东西”，会极大地改变我们处理和理解练习中获得的体验的方式。对于“做得完美”来说是失败的，对于“发现新东西”来说是成功的。

因此，将运用转换至另一个结果的模式中，就可以对参与者说：“练习的结果是为了学习新东西，而不是证明你已经知道怎么把事情做得完美无缺。回想一下互动过程，你发现学到了什么新东西？”

同样的原理可以用于我们所有的人生体验。如果就“舒适和安全”的结果来评价我们对具有挑战性情况的反应，我们可能看上去输得很惨。如果将同一种情境的结果看作“成长得更强大”，可能会发现我们已经非常成功。

考虑下述陈述，这是著名精神科医生和催眠大师米尔顿·艾瑞克森博士（精神科医生是指在前文案例中他教导那个自认为是耶稣基督的人）对来访者所做的：

重要的是有安全感和一种准备就绪的感觉；充分意识到无论发生什么，你都能应对和处理——并且是很愉快地处理。遭遇无法处理的情况，也是很好地学习——事过之后回想它，会发现它是在很多方面都有用的学习。这能让你评估自己的力量。也能让你发现，你内在的那些需要获得更多安全感的区域。对遇到的好事或坏事做出反应，并充分处理它——这是生活的真正乐趣。

艾瑞克森的陈述，是运用回应术模式中另一种结果的示例。他的意见将对某种结果（控制局面）不被看作“失败”的东西，转换成另一种结果下的反馈（“对遇到的好事或坏事做出反应，并充分处理它”）。

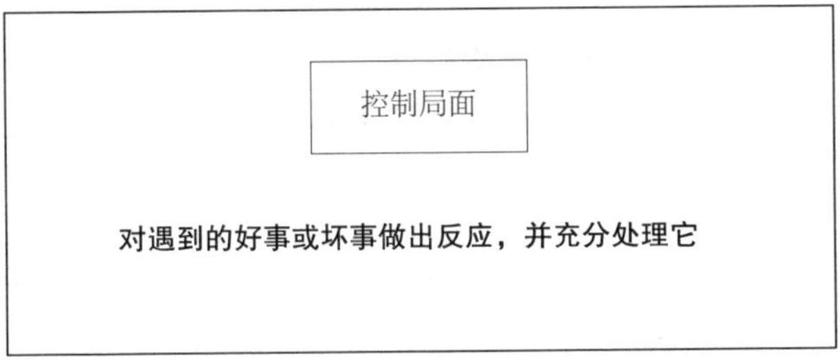
控制局面
对遇到的好事或坏事做出反应，并充分处理它

图 2–2　改变结果就转换了决定什么是相关和成功的框架

自己尝试一下这个模式：

1. 回想一个你觉得困难、受挫折或失败的情境。

情境____

例如：我觉得有人在占我的便宜，但我没法直接告诉他我的感受。

2. 关于这个情境，你所做的负面总结或判断是什么（关于自己或他人）？这个判断所包含或暗示的结果是什么？

判断____

例如：不能为自己说话，说明我是个懦夫。

结果____

例如：我要为自己说话，要变得强大而勇敢。

3. 探索一下，换用其他可能的结果，对你理解这个情境可能带来哪些影响。其他结果例如安全感、学习、探索、自我发现、尊重自己和他人、做事正直、治愈、成长等。

例如，如果目标的结果变成“尊重自己和他人”，或“以我希望被人对待的方式来对待别人”，那么，由于没有为自己说话而认定自己是个“懦夫”，就不太会是一个相关的适宜的总结了。

4. 增加或者替代当前结果的另一种结果是什么，让你的负面总结或判断不那么相关，你就会更容易将这一情境看作反馈而非失败？

替代结果__________________________________

例如：学习对自己和别人表里如一，聪慧而富有同情心。

从 NLP 的观点来看，转换至另一种结果将帮助我们对体验的观点换框。换框是 NLP 所认为的改变的核心过程，也是回应术的根本机制。

换　框

换框着力于帮助人们改变感知问题的框架，从而重新解释问题，并找到解决方案。换框的字面意思是，在一些图像或体验周围更换一个新的或不同的框架。在心理学上，对某事物换框，意味着将其置于与之前所感知的不同的背景框架或情境下，从而改变其意义。

图片周围的边框是对换框概念和换框过程很好的比喻。根据图片的框内包含什么，我们会对图片内容的信息有不同的感知，于是对图片代表什么会有不同的认识。例如，一位摄影师或画家记录特定风景时，“框架”可能仅仅是一棵树，也可能是很多树，甚至是溪流或池塘的草地。这会决定以后看这幅画的人看到怎样的独特风景。此外，买下某幅画的人，也许会改变画框，使其在美感上更适合家里的某个房间。

同样的，对特定的经验或事件来说，由于“心理框架”会决定我们“看见什么”“感知到什么”，它影响着我们体验或解释某种情境的方式。下列图片可以作为例证。

图 2-3　小的框架

现在看一下如果把框架扩大会怎么样。注意你对该情境的体验和理解是如何被扩展，以便容纳新观点的。

图 2–4 较大的框架

第一幅图其实没有太多的含义。它仅仅是一条某种类型的鱼。当框架被扩展，出现第二幅图，我们忽然看到了不同的情境。第一条鱼不仅仅是鱼，它也是“将要被大鱼吞掉的小鱼”。小鱼看起来没有意识到这种处境；而我们从“较大的框架”可以很容易看到。我们可能会吃惊和关心这条小鱼，或者接受大鱼为了生存必然要吃掉小鱼这个事实。

注意一下，当我们更加扩展我们的视角并再次换框会怎么样。

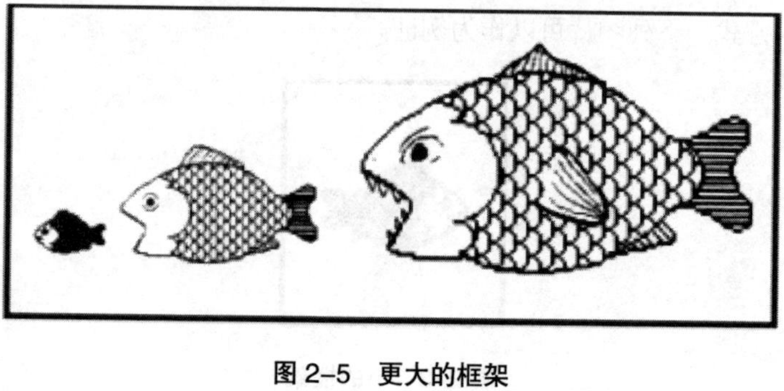

图 2–5 更大的框架

现在我们有了不同的视角，也看到了新的含义。改变框架的大小后，我们看到不仅仅小鱼有危险，中间的鱼也将被更大的鱼吞掉。中间的鱼为了生存，在全神贯注地追食小鱼，但事实很明显[②]，它还没有意识到自己也正受到了大鱼的严重威胁。

从这里所描述的情境我们可以看到，对看待情境的视角换框，会带来新的认识水平，这是对心理换框的过程和目的的一个很好的隐喻。人们常常陷入小鱼或中间那条鱼的境况中。他们或许像小鱼那样意识不到在大环境中即将面临的挑战，或许像中间那条鱼一样太聚焦于实现某个成就，而注意不到迫近的危机。中间那条鱼的矛盾，是它的注意力太集中在某些与生存有关的行为上，却在另一方面让自己陷入极大的生命危险。换框让我们看到了“更大的画面”，可以实现更合适的选择和行动。

在 NLP 中，换框是为体验或情境的内容设立新的心理框架，拓展我们对情境的认识，从而更聪慧和有建设性地处理面临的情境。

②译者注：类似我们常说的“螳螂捕蝉，黄雀在后”。

改变框架大小

改变框架大小的回应术模式将这一原理直接运用于我们对情境或体验的感知。这一模式，在更长（或更短）的“时间”框架、更多的人（或从个人的角度）、更大或更小的视角的情境下，重新评估（或加强）了特定行动、总结和判断的意义。例如，当我们做一件事只考虑到自己的欲望和期望时，在相比似乎很难忍受的痛苦与他人的痛苦时，这件事可能就突然变得微不足道。

在体育赛事中，如果某个队赢了或输了，或某个人表现得特别出色或特别糟糕，观众往往会为之疯狂。几年以后，当他们考虑到他们生活中更大的情境时，这样的事件可能就显得无关紧要。

一个人可以去做能接受的事情，但整个群体去做，就会很有危害和破坏性。

第一次经历分娩的人，会觉得生孩子是一种紧张而可怕的经历。若想起这是上百万年以来千百万女性经历过的，她就会更相信自己而不那么害怕。

注意，改变框架大小的过程与转换至另一种结果有区别。人们可以保持同一个目标的结果，如“治愈”或“安全”，但要改变自己评估实现目标进展的框架的大小。例如，疾病的具体症状，在短期结果的框架内会被视为“不健康”，但从长期结果来看，是人的“净化”过程或强化免疫力所需要的。例如，同位疗法（homeopathy）领域基于一个前提：从长远来看，少量有害物质会使人体产生对其毒害的免疫性。

同样的，短期看来很安全的东西，长远来看可能会让人陷入极大的风险。

与考虑框架的特定结果相比，改变框架的大小跟我们视野的宽度或广度有关。电影《酒馆》中有一个很好的改变框架大小的例证。电影开始的场景是一个特写：拥有天使般相貌的男孩在用美妙的声音歌唱。这个形象看上去甜美而健康。但随着镜头拉远，我们看到男孩穿着军装。随后，我们看到他手臂上戴着有纳粹标志的袖章。随着框架尺寸变得越来越大，我们最终看到男孩是在一个大型的纳粹集会上唱歌。随着画面框架大小的变化，其信息所带来的意义和感受完全变了。

使用语言也会带来同样的转换。比如一些惯用语，“从大局看问题”“考虑长远意义”“一般来说”，都会直接影响我们看待情境、事件或结果的框架的大小。增加或包含进来一些预示更大框架的语言，也会改变框架的大小。说一些“一甲子前”“未来一百年”之类的话，会自然而然地让人们以特定的“时间”框架来考虑问题。

注意下列谜语中所用的框架大小的改变。这套谜语出自苏格兰摇篮曲：

我给了爱人一颗没有核的樱桃。
我给了爱人一只没有骨头的小鸡。
我给了爱人一个不哭的婴儿。

你怎么能让樱桃没有核？
你怎么能让小鸡没有骨？

你怎么能让婴儿不去哭？

当樱桃还在开花时，它没有核。

当小鸡还是鸡蛋时，它没有骨。

当婴儿睡着时，它不哭。

解答前两个谜语，需要我们把视角的框架拓展到樱桃和小鸡的一生。第三个谜语，则需要反方向解答，把我们的视野集中到婴儿一天生活中的特定时期。“开花”“鸡蛋”和“睡着”这些字眼，让我们自然地转变了认识。

我们所关注的框架大小，决定了我们能够感知到的大部分意义和含意，在有效解决问题上这尤其重要。

用下列步骤尝试一下这个模式：

1. 回想一个你觉得在某方面困难、失望或痛苦的情境。

情境____

2. 你当前看待这个情境时，用的框架是什么？（即：即刻结果、长远结果、个人、群体、社会、过去、未来、具体事件、整个系统、作为成人、作为孩子等。）

当前的框架____________________________________

3. 改变框架的大小，让它更宽广或聚焦，包含进来更多的时间、更大的人群、更大的系统等。而后缩小框架，集中于特定的个体、有限的“时间”框架、单一的事件，等等。注意这会怎样改变你对情境的认识和评价。短期看来是一件失败的事情，长远看来经常是走向成功的必需步骤。（例如，意识到个人的挣扎是每个人在某些时候必须经历的，会让他们觉得较容易承受。）

4. 能够改变你对情境的判断和总结，使之更积极、正面的框架是什么？那个更长（或更短）的“时间”框架是什么？更多或更少的人群，较宽广或较狭窄视野的框架是什么？

框架 ____________________

回应术模式中的改变框架大小和转换至另一种结果，在 NLP 中被称为“情境换框”或“意义换框”。

情境换框

情境换框与这样一个事实有关：根据发生的情境不同，某种经验、行为或事件有不同的意义和结果。比如下雨，对正苦于严重干旱的人们来说是非常好的事情，但对遇到洪水，或者计划举办户外婚礼的人来说，就很糟糕。而“下雨”本身既不“好”也不“坏”。相关的判断与它在特定情境下带来的后果有关。

根据莱斯利·卡梅伦-班德勒（Leslie Cameron Bandler）的观点，NLP 中的情境换框“接受所有行为在某些情境中都是有用的”。情境换框的目标是认识到特定行为在某些情境中的作用，从而改变人们对它内在的负面反应。这让我们将行为简单地看作“一种行为”（就像下雨），而把注意力转向确定更大情境的相关议题（即，遇到洪水时，不是诅咒下雨，而是学习如何建立更有效的排水系统）。

举一个例子，有一位母亲，儿子正处于青春期，经常在学校里跟别人打架，她很抓狂。要想对此情境换框，可以说一些这样的话：“那么，你儿子可以在妹妹上下学路上被人骚扰时保护她，那不是很好吗？”这可以帮她从更广的视野看问题，从而改变对儿子行为的观点。这位母亲能够欣赏儿子的行为在某些情境下很有用，便可以用更有建设性的方式回应，而不是觉得羞愧、不可容忍。

消极的回应往往会维持甚至升级有问题的行为，而不能让它们消失。经常责备，会引发“极化反应”，实际上会激发而不是抑制不受欢迎的行为。如果前述例子中的母亲能看到儿子的行为在某个情境下有积极的效果，这会帮助她对该行为有更好的“超然立场”（meta position），能够开始跟儿子就其行为和行为发生的情境做更有效的沟通。

当他的行为被确认为在特定情境下有用，而不是被攻击指责时，那么儿子也可以从不同的观点看问题，而不是一直处于守势。下一步，母子俩可以共同找出儿子在学校的行为的正面意图和利益，探索更合适的替代方式。

改变感知某些事件的框架的大小，显然是在不同情境内重新认识它的一种方式。

意义换框

与情境换框不同，意义换框是改变我们对特定事件或情境的观点或认识水平。例如，考虑一片空草地。对农民来说，这里提供了种植新作物的机会；对建筑师来说，这是建“梦想家园”的空间；对年轻夫妇来说，这是野餐的好地方；对于油料将要用尽的小型飞机驾驶员来说，这是安全的着陆点；等等。同样的内容（“空地”），不同的人由于观点和目的不同，所看到的也就不一样。这明显就是回应术模式中改变至另一种结果的潜在机制。

例如，用自然风景图片来做比喻，用不同方式看画或照片，是用画家或摄影师创作的意图来换框。画家或摄影师想引发观众什么样的反应？画家或摄影师想传递什么情绪？思考意图框架内的东西时，我们对作品的感知变了。

同样的，NLP 中的意义换框，旨在探索人们外在行为背后的意图。NLP 中实现这一点，经常是通过找出特定症状或有问题的行为的“正面意图”“正面目标”“后设结果”（meta outcome）。NLP 的基本原理之一是将一个人的行为和“自我”分开。这就是说，很重要的一件事是将产生行为的正面意图、功能、信念等与行为本身区分。根据这个原理，对有问题的行为的深层结构进行反应，比回应表面的表达方式更体现尊重、更有益于发展、更有实效。在更大的框架下认识症状或有问题的行为想要满足的正面目标，会改变对该行为的内在反应，打开一扇门以更有意图取向、更有创意的方式采取行动。

举个例子，一位 NLP 咨询师在为一个家庭中处于青春期的男孩做咨询，男孩抱怨爸爸总是反对他对自己未来的任何计划。咨询师对年轻人说："有一位试图保护你免于任何伤害和失望的父亲，这不是很好吗？我打赌，没有多少父亲会这么关心他们的孩子。"这个意见让男孩很吃惊，他从来没有想过父亲的批评背后会有很正面的目标。他仅仅以为那是对他的攻击。咨询师继续解释"梦想家""现实主义者"和"批评家"的不同，以及在有效的计划中扮演每个角色的重要性。他指出，一个有效的"批评家"，其批评的作用是找出某种想法或计划中忽略了什么，以避免发生问题；男孩的父亲显然处在儿子梦想的"批评家"位置上。他也解释了缺少"现实主义者"时，"梦想家"和"批评家"之间可能会出现的问题。

NLP 咨询师的意见足以改变男孩对父亲的反对的内在反应，从以前的愤怒，转为真心感激。对父亲的行为设立这一新框架，使年轻人将父亲看作是能够帮他学会计划未来的潜在资源，而不再是障碍或绊脚石。明确父亲的意图，也使父亲改变了对于自己在儿子生活中扮演的角色（以及随之而来的参与方式）的观点。父亲发现除了"批评家"外，他还可以扮演"现实主义者"或教练角色。

因此，意义换框致力于找出有问题的行为中潜在的、可能的正面意图。其目的包含两个方面：一是行为背后积极的内在动机（例如渴望安全、爱、关怀或尊重等）；二是考虑到更大的系统或行为所发生的情境下，该行为带来的正面利益（例如保护、转移注意或者获得认可等）。

NLP 中意义换框的一个重要运用是"六步换框法"。在这个过程中，有问题的行为与负责该行为的内在程序或"自我部分"的正面意图被分开，新的行为和选择，负责实施满足相同积极意图但没有问题结果的替代行为。

批评与“批评家”换框

前面父亲与处于青春期的儿子的例子说明，换框法是应对批评和批判的有效方式。“批评”常常让人想起那些在互动中最难应对的人，因为他们似乎总是在注意负面的东西，倾向于给他人的想法、建议找毛病。“批评家”常常被当成“搅局者”，因为他们所用的是“问题”框架或“失败”框架。（另一方面，“梦想家”用的是“就像”框架；“现实主义者”则以“结果”框架和“反馈”框架来行动。）

在语言层面上，“批评家”的一个主要问题是，他们爱用总结式判断来定论，比如：“这个企划代价太高”“那个想法不可能实现”“这个计划不现实”“这个项目太费力了”等。这种语言总结的一个问题是，考虑到它们表述的方式，人们只能表示赞同或者反对。如果有人说，“那个想法不可能实现”“那太贵了”，直接回应的方式只能是要么说“我想你是对的”，要么就是“不，你错了，那个想法可以实现”，或者“不，它不是很贵”。这样一来，“批评家”经常导致两极化，如果谁不同意“批评家”的话，便无法协调，最终会产生冲突。

当“批评家”不是批评一个梦想或计划，而是批评“梦想家”或“现实主义者”本人时，最有冲击力的问题就产生了。其差别相当于以下两种说法的差别，“这个想法很愚蠢”和“你太蠢了，居然有这样的想法”。当“批评家”在自我认同的层面攻击他人时，他不仅仅是“搅局者”，也是“杀手”。

然而，重要的是，批评像其他行为一样，也有正面的意图。“批评家”的目标是评价“梦想家”和“现实主义者”的成果。有效能的“批评家”会分析所建议的计划或途径，以便找出哪里会出差错，什么应当避免。“批评家”以考虑“如果问题发生会出现什么”的思维方式，找出失误所在。优秀的“批评家”常常会采用他人的一些视角——那些与计划或所呈现的活动没有直接关系，但会受其影响的人，或者会影响执行计划或活动（正面的或负面的）的人。

从正面意图做正面陈述

很多“批评家”的问题是，除了做负面评判以外，他们还使用负面语言来陈述，也就是说，他们会用否定的方式表达。例如，“避免压力”和“变得更加轻松舒适”，虽然用了完全不同的字眼，但它们在语言上是描述同一内在状态的两种方式。一种陈述（“避免压力”）描述的是“不想要什么”。另一种陈述（“变得更加轻松舒适”）描述的是“想要什么”。

同样的，许多“批评家”的框架是“不想要什么”，而不是“想要什么”。例如“这是浪费时间”这句批评，其背后的正面意图（或准则）可能是渴望“聪明而有效地使用既有资源”。然而从批评的表面结构里很难确定这个意图，因为批评声明的仅仅是“避免什么”。因此，解决批评并从“问题”框架转换至“结果”框架的一项核心语言技巧是，具有识别和引发正面意图的正面陈述的能力。

这一点会屡受挑战，因为“批评家”太受制于“问题”框架。例如，如果你问一个“批评家”，“这个企划花费太高”这一批评背后的正面意图是什么，回应很可能是“避免额外的浪费”。注意，这虽然是一个“正面意图”，但在语言上用的是负面陈述或负面框架，即它说的是要“避免什么”，而不是“实现什么”。这一意图的正面陈述类似于“确定这样做划算”或“确定我们在预算内”。

要引发意图或标准的正面陈述，需要问这样的一些问题：“如果（压力、花费、失败或浪费）是你不想要的，那么你真正想要的是什么”，或者“如果能够避免或去掉你不想要的，你会得到什么（或有何好处）”。

下面是一些负面陈述转化为正面陈述的示例：

负面陈述	正面陈述
太贵了	划算
浪费时间	聪明地使用既有资源
害怕失败	渴望成功
不切实际	具体，可以达成
太过于费力	容易和舒服
愚蠢	精明而聪慧

将批评转变为询问

一旦发现了批评所蕴含的正面意图并用正面语言陈述，批评就会转变为询问。当批评变成询问时，与用总结或判断陈述它相比，听者可以选择的回应完全不同。比如，“批评家”不是说“那太贵了”，而是问“我们准备怎样支付它”。当被问到这个问题时，其他人可以列出计划的细节，而不是被迫反对或对抗“批评家”。这适用于现实生活中的所有批评。“这个想法永远不会实现”这一批评可以被转化为询问“你打算怎么执行这个想法”；“这个计划不现实”可以被重述为“你怎么让这个计划的步骤更切实、具体”；“这太费力了”的抱怨可以被转述为“你怎么让它行动起来更容易、简单”。显然，这些询问与批评的意图相同，但更有建设性。

注意上述所有询问都是“如何”“怎样”式提问。这类提问一般最有效。诸如“为什么”式的提问常常预示着其他判断，容易导致冲突和异议。提问“为什么这个方案这么昂贵”或“你为什么不能更现实一点”，仍然属于“问题”框架。“什么让你的方案这么昂贵”或“谁来付款”也是一样。一般来说，“如何”“怎样”式提问能最有效地重新聚焦于“结果”框架或“反馈”框架。

（注意：在深层结构的层面上，批评是本体论陈述——断言某些事物“是”什么或“不是”什么。“如何”式提问则导向认识论探索——检验你“如何了解”是什么或不是什么。）

帮助“批评家”成为顾问

简而言之，为了帮别人成为“有建设性”的“批评家”或顾问，需要：（1）找出批评背后的正面意图；（2）确定这个正面意图做了正面陈述（或框架）；（3）将批评转变为询问——特别是“如何”式提问。

这可以通过下面这一系列提问来实现：

1. 你的批评或异议是什么？

例如：“你的建议太肤浅了。”

2. 批评背后的准则或正面意图是什么？你想通过批评实现或保护什么？

例如：“深入而持久的改变。”

3. 如果那是意图所在，需要问什么“如何”式问题？

例如：“你如何确定该提案将解决深刻和持久变革所必需的关键问题？”

在自己身上试用这个过程来练习它。想想在生活中的哪些领域，你试图证明新的价值观或信念，并对自己采取批评的态度。对于自己或自己所做的事情，看看你发现了什么问题或异议。

识别出问题或异议后，依次尝试上述步骤，把你的批评转化为询问。找出与自我批评相关的正面意图和“如何”式提问（有时跟同伴一起做较好）。一旦批评转变成了询问，你可以用它们问你内在的“梦想家”和“现实主义者”，以获得有效的回答。

最终，项目在批评阶段的目标是确保一个想法或计划从生态学的观点看是合理的，并保留当前实现目标方式的正面利益或成果。当一个“批评家”问“如何”式问题时，他/她就从“破坏者”或“杀手”变成了“顾问”。

（注意：在讨论忽略什么或需要什么之前，提醒“批评家”先确认已经符合的准则，也很有用。）

回应术模式之意图与重新定义

识别和确认批评中蕴含的正面意图，并将批评转化成“如何”式提问，是一个体现“语言的魔力”的例子，示例使用回应术模式将注意力从“问题”框架或“失败”框架转向“结果”框架或“反馈”框架。其结果是把“批评家”从“破坏者”变成“顾问”。这个过程基于两种换框的基本形式，它们是回应术的核心：意图和重新定义。

意图，是指将人们的注意力转向隐藏在归纳总结或陈述背后的目标或意向（如保护、获得关注、建立界限等），以便换框或加强概括。

重新定义，是指用意思相近但含义不同的词句，代替陈述或总结中所使用的词句。用正面词句的陈述代替负面陈述的词句，就是重新定义的一个例子。

回应术模式的意图建立在 NLP 的基本假设上：

所有行为都在某些层面（或某些时候）有正面意图。从采取该行为的人的视角来看，在行为产生的当时的情境中，它是适宜的举动。相对于回应有问题的行为的表达，回应意图更容易，也更有建设性。

使用意图模式意味着回应某种总结或判断背后的正面意图，而不是直接回应陈述本身。例如，一位顾客走进商店，看起来对某个商品感兴趣，但他说的是：“虽然我喜欢，但担心它太贵了。”售货员若运用意图模式，可以这样说：“对你来说，花钱物有所值很重要。”这会将顾客的注意力转向“某些东西太贵”这一判断背后的意图（在这个例子中是“物有所值”）。这有助于将顾客的“问题”框架回应变为“结果”框架回应。

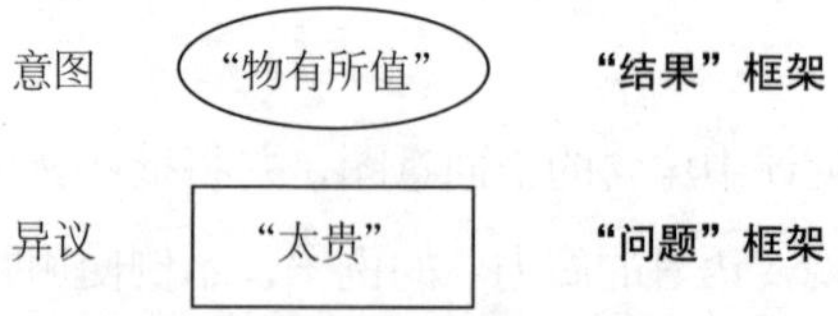

图 2-6　聚焦于限制性判断或限制性陈述背后的意图，有助于从“问题”框架转向“结果”框架

重新定义是将可能会说诸如“你是说你认为这个标价太高，或者你关心能否负担得起？”的话重新表述。在这里，关于“担心它太贵了”这句话的陈述，已经用了两种方式做了重新定义，以便售货员收集更多关于顾客意见的具体信息。第一个重新定义用“认为”代替“担心”，用“标价过高”代替“太贵”；第二个重新定义用“关心”代替“担心”，用“负担不起”代替“太贵”。两种形式都与原先的意见类似，但含义不同，重新定义后是将顾客的判断置于“反馈”框架。

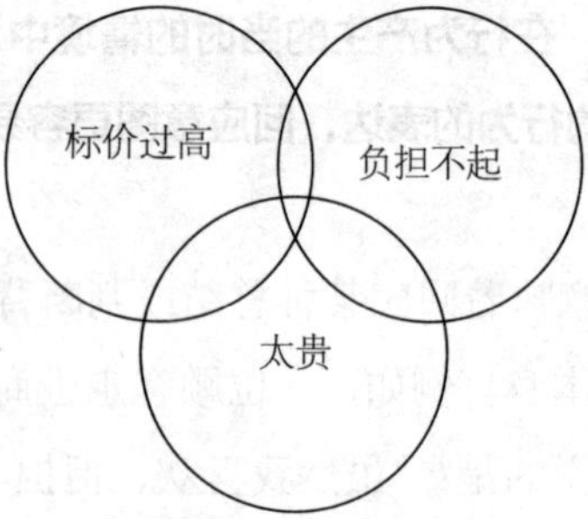

图 2-7　词句的意思会有重叠，但含义不同

“认为”和“关心”在很多方面跟“担心”不同。它们更多地暗示了认知过程而不是情绪反应（这样使事物更可能被看作是反馈）。“标价太高”是对“太贵”的重新定义，暗示了顾客的意见，表明他对商店中商品价格的期望。将“太贵”重新定义为“负担不起”，则视顾客的异议来自他/她付款的经济水平和经济能力。

顾客选择何种重新定义，会给售货员重要的反馈。例如，根据顾客的反馈，售货员可能会考虑给予一定的折扣（如果顾客觉得商品标价过高），或者跟顾客商定一个分期付款计划（如果关注点是“支付能力”）。

这样，虽然重新定义是一种简单的方式，却能开启思考和互动的新途径。将“痛苦”重新标示为“不舒服”，是回应术模式的效果的另一个好例子。例如，问一个人“你有多痛苦？”或“你有多不舒服？”，其效果不同。这种语言换框法经常自动地改变了人们对痛苦的感知。“不舒服”这样的字眼包含着“舒服”这一嵌入性暗示。“痛苦”则没有这样正面的隐含意思。

“一词换框法”练习

探索回应术模式之重新定义的方法之一，是用“一词换框法”替代其他词句。这种做法是用一个词表达某个特定的想法或概念，然后找出另一个词，可以表示同一个想法或概念，但比原先的词更积极或消极。哲学家伯特兰·罗素（Bertrand Russell）曾幽默地指出：“我很坚定。你很顽固。他冥顽不灵。”借用罗素的方式，试试创造一些别的例子，比如：

我义愤填膺。你很不爽。他根本是在兴风作浪。

我重新考虑了。你改主意了。他出尔反尔。

我犯了无心之过。你歪曲事实。他是个该死的骗子。

我富有同情心。你很随和。他逆来顺受。

这里的每个句子都用到了某种概念或体验，并用不同的字眼换框，从几个视角描述了它。例如，考虑“金钱”这个词，“财富”“成功”“工具”“责任”“腐败”“绿色能量”等，都是围绕“金钱”这一概念做不同的换框，呈现出了不同的潜在视角。

列一个词单，练习一下你自己的“一词换框法”。例：

负责任的（稳定的，不变通的）

稳定的（舒服的，呆板的）

淘气的（灵活的，虚假的）

节俭的（聪明的，吝啬的）

友善的（和蔼的，天真的）

果断的（自信的，咄咄逼人的）

尊重的（周到的，妥协的）

全球的（广阔的，笨重的）

一旦熟悉了“一词换框法”，你就可以用它来转换你自己或他人遇到的限制性陈述。例如，有时候你可能会怪自己“愚蠢”或“没有责任感”。看看你能否在这些字眼里找出更积极的倾向以便重新定义。例如可以将“愚蠢”重新定义为“天真”“无知”“若有所思”；可以将“没有责任感”重新定义为“自由意志”“灵活有弹性”“没有觉察”等。

你可能也想用“一词换框法”改写你对他人的意见。当你跟配偶、孩子、同事、朋友谈话时，或许可以重新定义某些词句，以让你的意见更容易让人接受。例如，与其责备孩子“说谎”，不如说他/她“想象力强”，或者在“讲童话故事”。重新定义常常能表达重点，同时去掉了不必要的（经常也是无谓的）负面暗示或谴责。

这种重新定义是语言中“政治正确性”（political correctness）概念背后的基本过程。这种重述方式的目标在于减少负面判断和滥用污名，后者在用标签描述某些方面与众不同的人时会经常出现。例如，身体能量很强，较难服从指示的孩子，我们反对将其贴标签为“多动”，我们可以说他“活跃”；听觉有困难的人，我们不要将其说成“聋子”，而可以说“有听力障碍”；腿有残疾的人，我们不要将其说成“瘸子”，可以将其描述为“有身体方面的挑战”；过去所称的“看门人”，我们可以将其改称为“维护技师”；“垃圾收集”，我们可以将其改为“废弃物管理”。

重贴标签的意图在于帮助人们用更广阔、较少评判的视角看待他人（虽然这会被一些人认为俨然是在示好，或者不真诚）。但凡运用有效，这样的重命名也会有助于将视角和对角色界定从“问题”框架转向“结果”框架。

以“第二人称”的另一种世界观看事情

有一种简单而有力的换框方式，是从不同的世界观考虑一些情境、经验或判断。从 NLP 的观点看，这样做最容易和自然的方式就是换位思考——所谓采用“第二人称”。

采用第二人称意味着在特定情境或互动中，设身处地地进入另一个人的视角或“感知位置”(Perceptual Position)。第二人称是 NLP 所界定的三大基本感知位置之一。它意味着改变观点，如同你像另一个人那样去看待问题。在第二人称下，你是从另一个人的观点去看，去听，去感觉，去尝，去嗅，去互动；“设身处地”“过过他 / 她的日子”“站在他人的立场上”等。

因此，第二人称需要与另一个人的观点、信念和假设相连，并从另一个人的世界观去感知想法和事件。能够以另一个人的世界观来看待情境，通常会给你带来许多新领悟和理解。

回应术模式中的世界观就来自这个过程。它要求能够以不同的心灵地图去感知和表达，从而为某一情境或归纳总结换框。关于采用第二人称，以获得不同的世界观，而后表述出来以拓展他人的观点，律师托尼·塞拉举过一个很好的例子。1998 年，在接受《演讲》(Speak) 杂志采访时，塞拉说：

当你为犯罪嫌疑人（被告）辩护时，你就会变成他，像他一样感受，像他一样思考，用他的眼睛去看，用他的耳朵去听。你要完全了解他，才能了解他行为的本质。但你有“正当措辞”。意思是说，你可以把他的感受、用意、智力作为与行为有关的部分，翻译成法律术语、法律的语言或富有说服力的比喻。你以一个人的行为作为原料，加以修饰，就成了一件艺术品。这就是律师的创造力。

回应术模式中的世界观基于 NLP 的以下前提假设：

地图不是实景。每个人都有自己个性化的世界地图。对于世界，没有什么唯一正确的地图。人们会根据自己的世界观所感知到的可能性和能力，来做所能做的最好选择。最有智慧、最慈悲的地图，是那些提供最广阔、最丰富可能性的，而不是那些最“现实”或“准确”的地图。

找出一个有他人在场的情境，在这里你不能像你所知或能做到的那样自如地表现。你对自己、他人所做的总结或判断是什么？从至少三个视角或世界观来考虑这些，以丰富你的归纳总结和对情境的认识：

从另一个人的角度换位思考。如果你是他，你会怎么看这个情境？

想象你是这个情境中的旁观者。从这个角度你会注意互动的哪些部分？一个人（人类学家、画家、牧师、记者）会怎么看这个情境？

选一个对你很重要的老师或指导者，从他的观点看待和总结情境，会是非常有冲击力的体验。

在正确的时间说正确的话的例子

在一个实际例子中，我自己用了我们在本书中已经探讨过的若干原理。有一次，我和理查德·班德勒在酒吧里会面。那是一个被称为“下九流酒吧”的地方，意思是说那儿满是相当粗野和不入流的家伙。这不是那种我平常去的地方，但理查德喜欢，希望在那儿与我碰面。

我们开始谈话，不久有两个大个子进来。他们喝醉了，看起来怒气冲天，想欺负别人。我猜他们看出来我不像是常来这种地方的人，因为他们很快开始朝我和理查德说污言秽语，叫我们“同性恋”，还叫我们滚出酒吧。

我的第一反应是想礼貌地忽略他们，当然这不奏效。没过多久两个人中的一个开始拽我的胳膊，弄洒了我的酒。于是我决定友善地待他们。我冲他们微笑。其中一个说：“你看什么？”我移开视线时，另一个说：“我跟你说话时看着我。”

事情很糟，并且让我吃惊的是我自己开始愤怒了。幸运的是，我意识到用常规反应模式只会让摩擦升级。于是，我有了一个绝妙的想法：何不用一下 NLP？我决定试着找出和确定他们的正面意图。我深呼吸了一下，快速尝试从他们的角度看问题。我用平静而坚定的语气，对离我最近的那个人说：“你知道，我并不以为你相信我们是同性恋。你一眼就能看见，我戴着结婚戒指。我想你另有用意。”这时，那人脱口而出：“对，我们想打架！”

现在我想有些读者可能会带着讽刺的意味想：“哇，罗伯特，多么难以置信的进展。这个回应术的例子多震撼啊。”而另一个方面说，确实有所进展。因为我开始跟他们对话，而不是单方面做长篇大论。我看到了机会，并回应道：“我了解，但咱们打不起来。首先，我不想跟你们打架，你们从我这儿得不到什么。此外，你们块头都有我两个大，这样打有什么意思？”

此时，另一个（看起来是两人中的头儿）说：“不，这是公平的打斗。我们喝了酒。”我转过来直视着他说：“这难道不像是父亲回到家里打十四岁的儿子，并且说这很‘公平’，因为他喝了酒吗？”我确定在这个人十四岁时这样的事情可能一次又一次地发生过。

面对事实，这两个人无法再辱骂我和班德勒，最终去骚扰他人了（后来发现那是一个空手道行家，他把他们叫出去狠揍了一顿）。

这件事照班德勒的说法是，我开始引出了他们俩选我们来单挑的次感元和决策策略，但最终我给他们做了治疗。（据他所说，他准备建议，既然他们想打架，他们可以出去，两个人打上一架。）但我的记忆中不是这样的。然而，这坚定了我对NLP和语言力量的信念。

第三章

归类

归类的形式

换框通常是通过“重新归类”的方式改变经验或判断的含义的过程。在 NLP 的语言中，“归类”（chunking）这个词是指将一些体验重构或分解为更大或较小的片段。向上归类（chunking up）指转向更大、更概括、更抽象的信息水平——例如，汽车、火车、轮船、飞机可以组成“交通方式”。向下分类（chunking down）是转向更精确、更具体的信息水平——“汽车”可以向下分类为“轮胎”“发动机”“刹车系统”“传动装置”等。横向归类（chunking laterally）则是找出同等信息水平的例子——比如，“开车”与“骑马”“骑自行车”“划船”相类似。

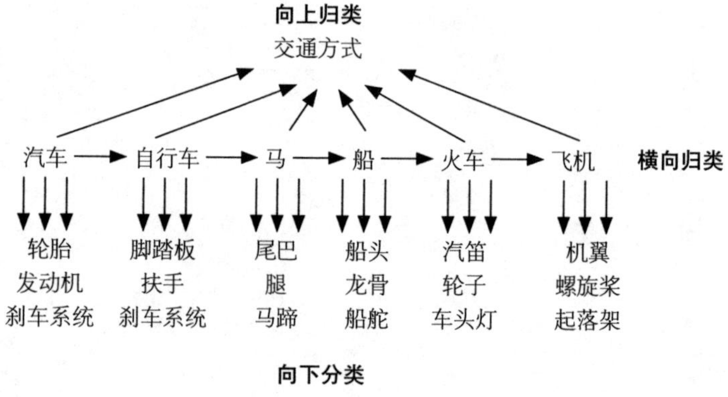

图 3–1　归类意味着注意力在总体和细节间转移的能力

因而，归类与人们如何运用注意力有关。“归类尺度”与个人或团体分析、判断问题，或者经验的特殊性与普遍性有关；也关系到总结性判断是指整个层级，还是仅仅包含层级的一部分。对情境的感知会根据细节（微观资讯归类）和概括（宏观资讯归类）程度而相应变化。有人可以集中注意力于小细节上，比如拼写文章段落中的一个个词语；也可以注意经验的较大部分，如一本书的主题。问题仍然在于，大的语言归类与较小的语言归类的关系。（如果某个拼写错了，这会意味着该拼写所传达的含义也错了吗？）

在特定情境下，人们归类其体验的方式可能有益也可能有问题。如果一个人想“现实”地考虑问题，那么从“较小的归类”这一角度来思考会很有价值。然而若在头脑风暴时专注于较小的语言归类，他就会“只见树木，不见森林”。

无用的批评常常是以相当大的语言归类或概括的方式来陈述，例如“那根本做不成”“你从来不能坚持到底”“你总是提出太冒进的想法”。NLP 将“总是”“从不”“永远”“只有”这样的词，称为通用词或通用量词。这种语言向上归类到了不再准确、不再有用的程度。将这样的批评转变为“如何”式提问（像我们前面所探讨的），通常是用向下分类的方式来化解过度概括。

向下分类是基本的 NLP 方法，是将特定的情境或体验切分成其组成成分。例如，看上去无法应对的问题，可以向下分类为一系列较小的可控的问题。有一条耳熟能详的谜语：“你如何吃掉整个西瓜？”答案就是向下分类的一个例子：“一次吃一口。”这个比喻可以用于任何情境或体验。可以把一个非常宏伟的目标，例如“开创新事业”，切分成子目标，比如“发展产品”“识别潜在客户”“选择团队成员”“创立商业计划”“寻找投资”等。

要想运用回应术发展能力，很重要的一点是要具有灵活性，能在大大小小的语言归类之间自由地转移注意力。就像美国原住民所说的，“能用鼠目看近，也能用鹰眼看远”。

例如，NLP 认为，发现特定行为或信念背后的正面意图，是有能力向上归类的能力的结果。也就是说，你得能够找出比判断或行为所表达的更宽广的分类（即“保护”“认可”“尊重”等）。重新定义则还需要另外两种能力：向下分类和横向归类，以便识别出与最初的表述相近或相关，但有着不同联想或含义的概念和体验。

向下分类

向上归类和向下分类的方法，都可以直接用于陈述、判断、信念，以转变对它们的看法，并对它们进行换框。例如，回应术的向下分类，要将一个陈述或判断分解为较小的片段，对原陈述或判断所表达的概括含义，创立出不同的或更丰富的观点。比如，有人被诊断为“学习障碍”（这是很明显的“问题”框架标签）。可以把“学习”这个词向下分类为代表学习过程的不同部分，例如：信息的“输入”“表象”“存储”“提取”。这时就可以问：“学习障碍是指人的‘输入’障碍吗？那就是说，有人无法输入信息？”同样的，学习障碍是说有人有“表象障碍”“存储障碍”或“提取障碍”。

这类问题及考虑可以刺激我们重新思考所假定的标签的意义，有助于让情境回到“反馈”框架，把注意力放到人与过程上而非分类上。

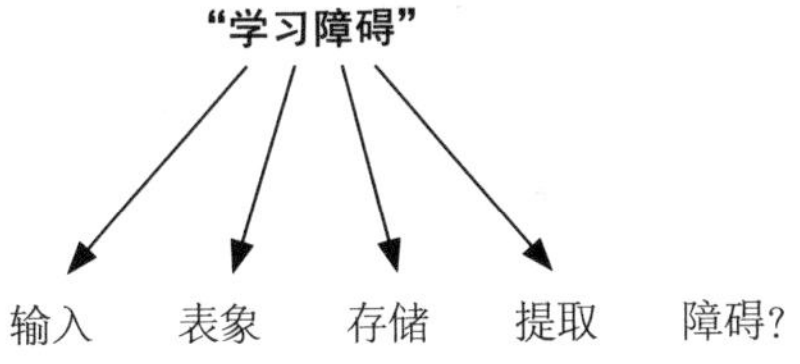

图 3–2　将总结论断向下分类，会改变我们对它的感知和假设

动词和过程性词语，可以被归类为组成它们的顺序或过程（就像上述“学习”的例子）。例如“失败”这个词，可以被归类为构成“失败”体验的一系列步骤，比如：设立（或没有设立）目标，建立

（或忽略）计划，采取（或回避）行动，注意（或忽略）反馈，以灵活（或不变通）的方式回应，等等。

名词和物件可以被归类成组成它们的较小成分。例如，如果有人说“这车太贵了”，用向下分类来回应，可以说：“哦，实际上轮胎、挡风玻璃、排气管、汽油和机油都跟其他车是一样的价钱。仅仅是为了确保车的性能和安全，刹车和发动机贵一点。”例如，“我没有吸引力”这样的句子，连“我”都可以用向下分类来提问：“是说你的鼻孔、额头、小指头、嗓音、头发颜色、胳膊肘、梦想等，都没有吸引力吗？”

同样的，这个方法会将一种判断或评价置于完全不同的参考框架里。

自己练习这个方法，找出一些负面的标签、判断或总结，注意其关键词。对一个关键词做语言的向下分类，找出该陈述或判断所暗示的较小的成分或语言归类，看看你能不能找出一些新形式，使其具有比原来的标签、判断或总结所陈述的意义更丰富、更积极，或者能激发对原标签、判断或总结完全不同的观点。

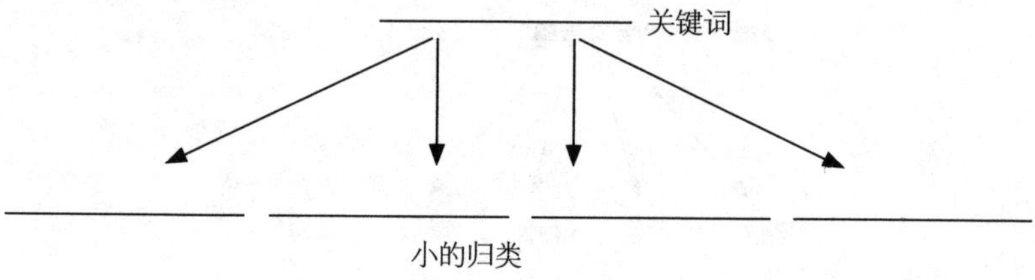

图 3–3　小的归类

你可以用类似“注意力缺陷”这样的标签，探索不同的注意类型（例如：视觉、听觉、感觉，或者注意目标、注意自己、注意情境、注意过去、注意内在状态等）。

向上归类

回应术的向上归类是指把一个陈述或判断的要素概括为更大的分类，创造出对其所表达的含义崭新且更丰富的理解。例如，“学习”是更大的层级；再例如，各种“适应”形式之一——适应还包括“条件反射”“本能”“进化”等过程。如果一个人被视为有“学习障碍”，那意味着在某种程度上他有“适应障碍”吗？那这个人为什么没有“条件反射障碍”“本能反应障碍”“进化障碍”？这类标签有的看起来很滑稽，但它们不过是“学习障碍”这类标签可能的逻辑外延。

同样的，以换框法重新看待这个判断，会让我们走出“问题”框架，从新的视角看到我们的用意和假设。

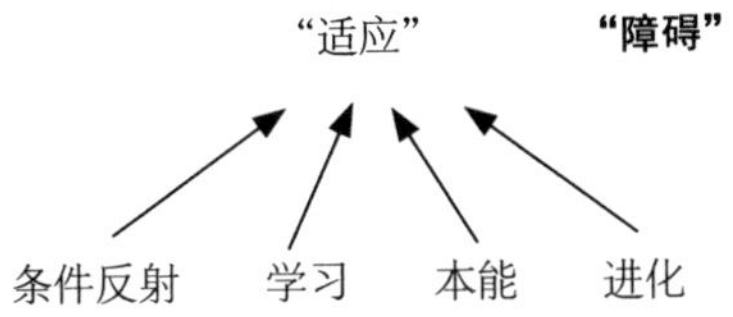

图 3–4　向上归类使我们重新考虑总结或判断的含义

用上述例子中同样的负面标签、判断或总结，自己练习这个方法。在语言学上，对关键词做向上归类，能识别出更大的分类。在这个分类中核心词还可以适用，并有着比这个词原来的标签、判断或总结所含的意义更丰富或正面，或者这个分类会激发出与原标签、判断或总结完全不同的观点。

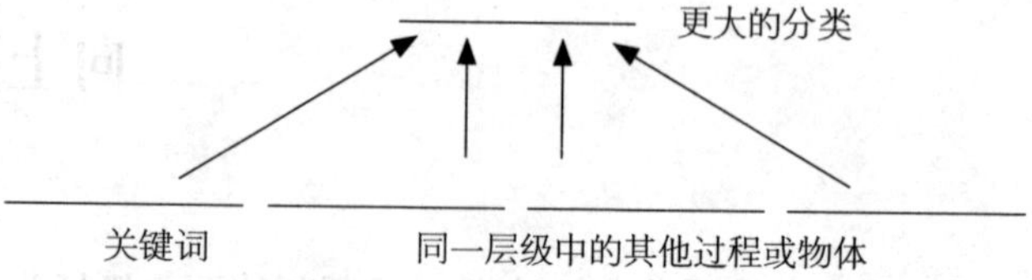

图 3–5　对关键词做向上归类，能识别出更大的分类

例如，“失败”可以向上归类至“行为结果”或“反馈种类”的等级；“没有吸引力”可以向上归类至“与常规准则不同”；“花费”可以向上归类至“现金流考量”。如此类推。

横向归类（找出比喻）

横向归类的特点是寻找隐喻或比喻。回应术模式的比喻，是指找到与总结或判断所界定的关系类似的关系，这会给我们提供新的视角去看待该总结或判断的含义。例如，我们可能说，“学习障碍”就像“功能失调的电脑程序”。这会让我们很自然地问到一些问题，比如“哪里功能失调了”“原因是什么”“我们如何修复它”“问题来自哪一行编码”“还是说问题出在整个程序”“还是说问题出在计算机媒体”“也许问题的源头是程序员”。

像这样的比喻会丰富我们对某种总结或判断的视角，以便发现和评估我们的假设，帮我们从“问题”框架转向“结果”框架或“反馈”框架。

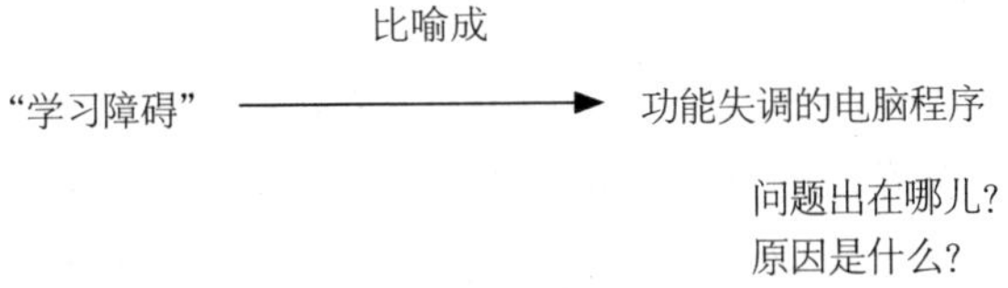

图 3–6　横向归类是要找出激发新想法和观点的比喻

根据人类学家和沟通理论家葛利高里·贝特森的观点，以横向归类来寻找比喻是“诱导思维”（abductive thinking）的功能。诱导思维的过程可以跟“归纳”“演绎”的过程做一下对照。

归纳推理是依据共有的普遍特征，对特定物体或现象分类，例如注意到所有的鸟都有羽毛。归纳推理本质上是向上归类的过程。

演绎推理是基于特定物体或现象的种类做预测。即“如果—那么”的逻辑关系。演绎属于向下分类。

诱导思维则是寻找物体与现象间的相似之处——横向归类。葛利高里·贝特森对照下列陈述阐明了演绎逻辑与诱导思维的差别。

演绎推理与诱导思维过程的比较，如下所示：

演绎推理	诱导思维
人都会死。	人会死。
苏格拉底是人。	草会死。
苏格拉底会死。	人就是草。

根据贝特森的看法，演绎和归纳思维更多地聚焦于物体与分类，而不是结构与关系。贝特森指出，专门用归纳推理、演绎推理来思考，会使人的思维不知变通。诱导与比喻思维能带来更多的创意，实际上也许会引领我们发现现实的更深层的真相。

自己练习这一方法，再一次使用你在以往练习中用过的负面标签、判断或总结。横向归类以找出其他过程或现象，需要与标签、判断或总结所界定的含义相似（即它的一个比喻），但有崭新的或更丰富的含义，或者能够激发与该标签、判断或总结完全不同的视角。

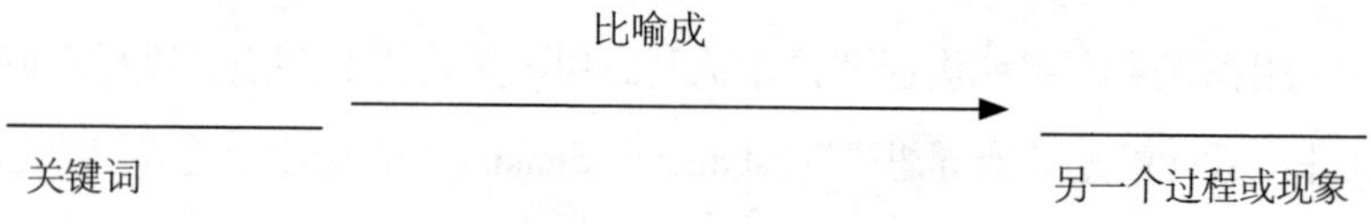

图 3–7　横向归类以找出其他过程或现象

例如，“失败”的比喻，可以是哥伦布无法建立通往东方的贸易通道，最后只发现了北美洲。小天鹅（或“丑小鸭”）是比喻“没有吸引力”的人的典型例子。也可以在体育锻炼中的“花费”和锻炼身体、成长所要求的“能量”之间进行类比。如此类推。

练习：找到同类

横向归类和创立比喻的能力，是建立治疗性隐喻的基本技能。治疗性隐喻是使故事中的人物和事件与听者的处境类似或平行，以便帮助他们找到新的视角和激活资源。

下列练习可以帮助你发展和运用你的横向思考能力：

在 A、B、C 三人小组中。

1. A 告诉 B 和 C 一个他需要指引的当前问题或情境。比如 A 想进入一段新的关系，但由于以前的关系中存在问题而有些犹豫。

2. B、C 倾听 A 的问题或处境中的基本要素。例如“对过去的关注，阻碍了 A 在自己的生活中的前进”。

3. B、C 同时关注 A 处境中的重要情境因素——人物、关系、事件过程。B 向 A 解释这些，以确保准确无误。

4. B、C 一同建构一个隐喻，交给 A。B、C 可以从以下来源获得灵感：

幻想

通用的主题

日常生活经验

个人生活经验

大自然：动物、季节、植物、地质、地理等。

民间故事

科幻

运动

例如："我爷爷教过我开车。他告诉我说，只要看着后视镜，我就可以开得很安全，仅仅是要确定前方的路跟后头的路一模一样。"

5. 轮换角色，直到每个人都做过角色 A。

标记和重新标记

语言归类的不同形式（向上归类、向下分类和横向归类）给了我们一套有力的工具来丰富、换框或重新标记我们的世界地图。我们对世界的感知做不同的标记，会让我们对同一体验产生不同的意义。例如，在书面语的使用中，我们用不同的方式给句子加标点，标记为一个问题、一个陈述或一个要求。逗号、感叹号和问号，能让我们了解这个句子意味着什么。组织我们的体验时，也会发生同样的事情。

词典中对标点做了如下定义：某种行动或实践，插入标准记号或符号，以澄清意义或者区分结构单元。在NLP中，标记指如何将体验组织成有意义的感知单元。这种认知标记的功能与书面或口头语言中标点的功能类似。

考虑一会儿下述的字样：

That that is is that that is not is not is not that it it is

[那（个）那（个）是（对）那（个）那（个）是（对）不（否）是（对）不（否）是（对）不（否）那（个）它它是（对）]

第一眼看上去，这简直是胡言乱语，没有任何意义。但注意，如果用下列方式加标点，你的体验会如何变化：

That that is, is. That that is not, is not. Is not that it? It is!

（那就是，是。那就不是，不是。那不就是吗？就是！）

突然，它们至少有一些意义了。与词语处于不同层次的标点符号，用转换我们视角的方式组织和“框架”了词语。

也可以用别的方式来断句。把前面的标点方式与下述例子对照一下：

That! That is. Is that? That is not, is not, is not! That it? It is.

（那个！就它。是那个吗？那不是，不是，不是！那一样吗？是的。）

That? That is.

Is that that?

Is not!

Is!

Not!

Is!

Not that !

It ,it is.

（那个吗？是的！

那就是那个吗？

不是！

是！

不是！

是！

不是那个！

对，就是这个。）

我们内心体验的内容，就像刚开始那一串词。相对来说它是中性的，甚至无实际意义。认知过程，比如语言归类、时间感知、表象通道，决定了我们在心理上和情绪上的问号、句号和感叹号的位置。这些心理上的标点符号，影响着哪些感知和观点会被串在一起，注意的焦点在何处，哪种关系容易被觉察等。例如，从“长期、未来”的影响角度考虑一件事，将赋予其不同于根据“短期、过去”来评估这件事的意义。

人们通常并不为自己体验的内容及其中包含的世界地图而争辩、陷入抑郁或者相互残杀，而是会由于怎样标点感叹号或问号起争执，因为这些符号会赋予内容以不同的含义。

例如，看看“上个季度利润下降”这样的信息。“梦想家”“现实主义者”“批评家”会由于不同的信念、价值观和期望，对这一内容做不同方式的标点。

“批评家”：上个季度利润下降。糟透了！我们完了（感叹号）！

“现实主义者”：上个季度利润下降。我们曾经度过了一段很困难的时期（逗号），能做些什么来让我们“更精简”（leaner）（问号）？

“梦想家”：上个季度利润下降。这只不过是路上颠簸了一下（分号）；我们已经走过了最难的阶段。情况多半会“好转”。

回应术很大意义上是关于我们如何标记和重新标记我们的世界地图，以及这些标记方式如何赋予我们的体验以意义。

第四章

价值观与准则

意义的结构

信息或经验的意义，与它的目的或重要性有关。中古英语中的menen（即古英语中的maenan），类似于古高地德语中的meinen，都意味着“存在于内心”。这样，内在表象或经验的相关意义，与外部征兆或事件有关联。

NLP的方法和模型，如回应术所描述的这些，都致力于探索和发现我们“如何”象征化、表示和代表经验信息，以及我们如何在我们的世界地图中解释或赋予这些信息以内在重要性——换句话说，我们如何创造意义。从NLP的观点看，意义是由地图与实景之间关系互动而产生的。不同的世界地图会对相同的实景体验产生不同的意义。外部世界的相同事件或经验，由于其内在地图不同，所以对于不同的人、不同的文化来说，也会产生截然不同的意义。例如，有很多钱，可能被一些人看作“成功”，但是会被另一些人看作“风险”或“负担”。

所有动物都有能力编码和创造世界地图，并赋予他们对这些地图的体验意义。意义是解读我们的体验时所产生的自然结果。我们创造了什么意义、如何创造它，与我们内在世界表象的丰富性和灵活性有关。体验在限制性地图中倾向于产生限制性意义。NLP强调探索体验的不同观点和不同层面的重要性，以便创造新的可能性，去发现情境与体验的其他潜在意义。

由于意义与我们体验的内在表象息息相关，改变内在表象，就可以改变体验对我们的意义。感官表象构成了我们语言的深层结构。感受到“成功”，跟看到它或谈论它是一种不同的体验。改变内在表象的颜色、音调、强度、移动量等（次感元的性质），也会改变某种体验的意义和影响。

意义也很受情境影响。同样的沟通或行为，在不同情境中的含义会不同。我们看到有人在剧院的舞台上被枪击或刺杀，跟我们在剧院后面的小巷里看到同一事件的反应完全不同。这样，对情境和与情境相关的征兆的感知，是赋予信息或事件以意义的能力中相当重要的部分。

我们感知情境、信息或事件所用的心理参考框架，是我们对体验所设的一种内生情境。从“问题”框架去看问题，会让我们的注意力集中在该问题的某些方面，随问题而来的意义与我们从“结果”框架或“反馈而非失败”框架看问题相比，完全不同。对行为或沟通背后的意图的假设，也会创立一种框架，影响我们解读情境的方式。这使 NLP 方法中的设立框架和换框，成为转换情境或体验的意义的强有力工具。

对意义的另一个影响是信息或体验通过何种媒介或通道被接收和感知。口头语所触发的意义，其类型会跟视觉符号、触摸、气味所触发的不同。媒体理论家马歇尔·麦克卢恩（Marshall McLuhan）指出，信息传播所用的媒介，传输特定信息的媒介，对接收和解释该信息的方式的影响大于信息本身。

因此，一个人为沟通创造意义的方式，主要由伴随着沟通的超然信息（para-message）与后设信息（meta message）决定。非语言的后设信息就像传递信息时的指引和路标，告诉我们如何解读信息以赋予它合适的意义。同样的词，用不同的语调或重读方式说出来，会有不同的含意（即“不？”“不。”和“不！”有区别）。

NLP 的基本原理之一是沟通的意义不在于沟通者的意图，而在于它引发的对方的回应。有一个经典案例，一个中世纪的城堡被外国军队围攻。随着围攻的持续，城堡里的人开始断粮。他们不愿认输，决定把最后一点吃的用投石器射向城堡外的敌军，以示对敌人的蔑视。同样补给不足的外国战士，看到这些食物，以为城堡里的人食物太多了，以至于要扔一些下来嘲弄他们。他们如此解读信息之后，顿时十分沮丧，放弃了围攻城堡，仓促离去。这让城堡里的人大吃一惊。

从根本上讲，意义是我们的价值观和信念的产物，它与“为什么”这个问题有关。我们觉得最“有意义”的信息、事件和体验，是那些跟我们的核心价值观（安全、生存、成长等）联结最大的。信念与因果相关，感知到的事件与价值观之间的联结会决定我们赋予事件什么意义。改变信念与价值观，会立即改变我们的人生体验的意义。回应术模式通过更新和改变相关的价值观与信念来转变事件与体验的意义。

价值观与动机

根据《韦氏词典》，“价值”的意思是“从本质上看有价值的或者可取的原则、品质或实体”。“价值”这个词原本是指某些事物的价值，主要是指经济意义上的交换价值。19 世纪以来，在弗里德里希·尼采等思想家和哲学家的影响下，这个词的使用范围有所拓展，包含了更多的哲学解释。这些哲学家造了价值论（axiology，这个词来自希腊语 axios，意思是“有价值的”）这个词，来描述对价值的研究。

由于跟交换价值、意义和渴望有关，价值观是人们生活的主要动力来源。当事态情境与人们的价值观相符或匹配时，人们会感到满足、融洽、和谐。如果与价值观不符，人们会感到不满、不适或被侵害。

考虑一下你将如何回答以下问题，来探索自己的价值观：“一般来说，什么能够激励你”“对你来说什么最重要”“什么会让你有所行动，或者让你在早上起床”。

一些可能的答案是：

成功
赞赏
认可
责任

愉悦

爱与接纳

成就

创造力

类似这样的价值观会极大地影响和指导我们达成结果和做选择。事实上，我们为自己设立的目标就是价值观的切实表达。例如，如果一个人的目标是“建立高效能团队”，其价值观很可能是“与他人合作”。如果目标为“提高利润”，其价值观很可能是“财务上成功”。同样的，如果一个人的价值观为“稳定”，他/她会在自己的个人生活或职业生活中设立实现稳定感的相关目标。这样的人与重视“灵活性”的人追求的结果不同。追求稳定的人会满足于朝九晚五的工作，或者有稳定收入、安排好的工作任务。另一方面，追求弹性的人，则会试图找到有大范围任务和弹性时间的工作。

一个人的价值观会影响他/她如何标记所感知的情境或赋予其意义。这决定他/她选择什么样的心理策略进入情境，以及最终如何采取行动。例如，价值观为“安全”的人，会不断地从是否有潜在“危险”的角度评估情境或活动。评估同样的情境或活动时，价值观为“有趣”的人则会寻找玩和逗乐的机会。

因此，价值观是激励和说服的基础，是一个强大的感知过滤器。当我们把未来的计划和目标，与核心价值观、准则联结起来时，这些目标会变得更加动人。回应术模式中所有对语言的运用，都是为了链接我们的体验和世界地图的不同侧面与核心价值观。

准则和判断

在 NLP 中，价值观经常与我们所说的“准则”画上等号，但它们并不完全是同义词。价值观与我们渴望什么、想要什么有关。准则是指我们用来做决定和判断的规则依据。这个词来自希腊语“krites”，意思是“判断”。我们的准则会界定和塑造我们将寻求何种渴求的状态，并确定了我们将用于评估我们在这些期望状态方面的成功和进展的证据。例如，将“稳定”这一准则用于产品、组织或家庭，会得到某些判断和结论。用“适应能力”作为准则，则会对同样的产品、组织或家庭得出不同的判断和结论。

准则常常与价值观相关联，但它们并非同义词。准则可用于任何数量的不同水平的体验。我们可以有环境准则、行为准则、智力准则以及基于情绪的准则。从这一点来看，价值观类似于 NLP 所说的核心准则。

与代表客观性的事实和可观察的行为相对照，价值观和核心准则是主观体验的典型例子。两个人可以声称自己有类似的价值观，但在相似的情境下却表现各异。这是因为，虽然人们的价值观相似（像“成功”“和谐”或“尊重”），但他们用来判断是否符合或侵犯了准则的依据可能很不一样。这可以是冲突之源，也可以是创新的多样性之源。

界定、传授、争论或者谈论价值观和准则的挑战之一是用来表达它们的语言通常普遍存在。价值观和核心准则会用类似“成功”“安全”“爱”“诚实”这样的词语来描述。这类词语出了名地“无意义”。在 NLP 中，这种现象被称为名词化。它们作为标签，比起“椅子”“跑步”“坐下”“房子”这样的词，更加远离感官体验。这使它们更容易被总结、删减和扭曲。两个人声称有类似的价值观，却在同样的情境中表现各异，这绝不罕见，因为他们对价值观的主观定义太宽泛了。

当然，人们经常有着不同的价值观。可能一个人、一个团体寻求“稳定”和“安全”，而另一个人或团体则渴望“成长”与“自我发展”。了解到人们有不同的价值观和准则，是转化冲突和实现管理多样性的本质所在。文化接触、组织间的合并以及个人生活中的转变，通常会带来与价值观和标准差异有关的问题。

回应术的原理和模式，通过以下几种方式，可用来解决与价值观和准则相关的问题或议题：

1. 以重新定义“链接”的准则与价值观。

2. 向下分类以界定关键等同性（criterial equivalences）。

3. 向上归类以识别和使用价值观与准则的“层次”。

以重新定义链接准则与价值观

人们或团体之间的核心价值观与准则有差异的情境经常出现。例如，一个公司有“全球化”的核心价值观，然而公司的一些员工追寻的准则却是“安全”。如果没有通过某种方式妥善处理，这种看似根本的差异则可能会引发冲突和纠纷。

处理所感知到的价值观冲突的方式之一，是用回应术模式的重新定义来创造“链接”，将不同的准则连在一起。例如，“全球化”可以被换框为“与各种各样的人共同工作”；“安全”可以被换框为“成为团体的一部分”。在很多方面，“与各种各样的人共同工作”和“成为团体的一部分”都很相似。这样，看上去不相容的两个准则，通过简单的语言换框就填平了其间的鸿沟。

另有一个例子。一家公司高度重视“质量”这一准则，然而公司里的某个人或团队看重的是“创新”。这两种价值观乍看起来很不一致，然而“质量”可以被换框为“持续改善”，“创新”可以被换框为“产生更好的选择”。仅一次简单的换框便能让人们看到似乎完全不同的准则之间的联结。

自己尝试这一方法，在下面的准则 # 1 和准则 # 2 的空格处，写下两个看上去相反的准则。而后用一个词或短语将每个准则换框成意思相近但有不同视角的描述。看看你能否找到合适的换框，来将最初的两个准则更相容地链接起来。

示例如下：

<u>专业性</u> → <u>个人的诚恳</u>　　<u>自我表达</u> ← <u>自由</u>

准则 # 1 → 换框 # 1　　准则 # 2 ← 换框 # 2

试试找出链接下列两个准则的换框法：

<u>客户服务</u> → ______　______← <u>增加利润</u>

准则 # 1 → 换框 # 1　　准则 # 2 ← 换框 # 2

在下面准则 # 1 和准则 # 2 的空白处写下你自己的例子，找出简单的言语换框来创造一个联合两者的链接。

______　______ ______　______

准则 # 1 → 换框 # 1　　准则 # 2 ← 换框 # 2

______　______ ______　______

准则 # 1 → 换框 # 1　　准则 # 2 ← 换框 # 2

链接准则是横向归类的一种形式，以便联合看似相反的价值观。表达价值观所用的语言可能带来潜在的限制或冲突，避免或解决这一点的另一种方式是将价值观的陈述向下分类为更明确的表达方式或关键等同性。

向下分类以界定关键等同性

NLP 中用“关键等同性”一词，来描述用来界定是否符合特定准则的明确、可见的依据。准则与目标和价值观有关。关键等同性则与经验和规则有关，人们用这些经验和规则来评估实现特定准则时所达到成就的水平。准则与价值观通常很概括、抽象和模糊。它们可以有很多种形态和形式。关键等同性是用来了解是否满足了某一准则或价值观的具体感觉、行为实证或观察资料。关键等同性是实证过程（evidence procedure）的结果。实证过程是把为什么（准则和价值观）与如何（试图满足准则所用的观察资料和策略）连在了一起。

人们用来评价想法、产品或情境的感觉依据或关键等同性，很大程度上会决定人们是否将其判断为有趣、令人渴求或成功，等等。人们用来评价自己是否达到标准时所用的感官通道、细节水平和视角常常会发生变化。例如，有效说服是一种特别的能力：识别他人的核心价值观，并通过配合他人的关键等同性，来符合他人的核心价值观。建立准则和关键等同性，也是团队建设、创造和管理组织文化以及战略规划的重要部分。

界定关键等同性需要提问：“你如何知道某些行为和结果是否符合特定的准则或价值观？”在个人层面上，我们用非语言的形式来保有或表示我们价值观的深层结构，这些形式包括内在的画面、声音、词句和感受。尝试用下列方法探索你自己的一些关键等同性：

1. 想出一些对你来说需要满足的重要的价值观或准则（品质、创造性、独特、健康等）。

2. 详细说说你如何知道自己符合了这些价值观或准则。是根据你看到的、听到的、感受到的一些东西吗？你知道它是只取决于你自己的判断，还是需要从你以外得到证实（即从另一个人或客观衡量来证实）？

构成我们的关键等同性的那些感性认识，会极大地影响我们对事物的思考和感受。考虑一下你的感性认识影响你动机水平的方式。例如，回想一下一个电视广告让你想要去买广告中的产品，是广告中的什么让你想要出去买那件产品呢？是广告的颜色、亮度、音乐、措辞、音调、动作，等等？这些特定的特征在 NLP 中被称为次感元，经常在人们的动机策略中扮演重要角色。

尝试下列练习，自己探索这一点：

1. 想象你已经实现了某项目标或结果，并开始享受它，它符合你用上述练习识别出的准则。与内心建立联结，了解你享受这些利益时看到了什么、听到了什么、在做什么、感受到了什么。

2. 调整你内在体验的感官通道，使之更激动人心或引人注目。如果你增加颜色或亮度、声音、语言、动作，那个体验会更加强烈、更有吸引力吗？如果你把画面移动得更近一些或更远一些会怎么样？如果你让声音或语言更响亮或更柔和，会怎么样？如果让动作更快或更慢，你体验到了什么？识别出哪些特性能让这种体验感觉最好。

现实检验策略

关键等同性与人的现实检验策略密切相关。现实检验策略指一系列内心的测试和内在准则。人们以此来评估某种体验或事件是否是“现实”或者“真的发生了”。它本质上是我们用来区分“幻想”与“现实”的策略。

以为发生了的事情，实际上仅仅是梦或幻想，这是童年很常见的体验。甚至很多成年人也不太能确定，儿时某个印象深刻的体验是真的发生过还是想象出来的。另一次常见经历是，你完全确定你告诉了某人一些事情，但他们说你根本没有说过。而后你意识到自己在内心重复过它，但实际上没有跟别人谈过。

从 NLP 的观点看，我们无法确切地了解什么是现实，因为大脑并不真的知道想象的体验与回忆到的体验有何差别。事实上，用来表征想象与回忆这两者的是相同的脑细胞。大脑并没有指派特定的部分来分别负责“幻想”与“现实”。因此，我们需要采用一种策略来告诉自己，从感官接收到的信息通过了某些测试，而幻想的信息则不能。

试试一个小实验。回想一件你昨天可以做但你知道没做的事情。例如，昨天你也许去商店购物了，但你没去。而后回想一件你知道自己做了的事情——像去上班或跟朋友说话，在你的大脑中比较这两者。你如何确认有一件事你没做而另一件你做了？差别可能很细微，但你的内在画面、声音、动觉的性质，会在某些方面有差别。

当你将想象的体验与真实体验相对照时，检验一下你的内在表象：它们是在你视野内同样的地方吗？其中一个比另一个更清晰吗？一个像电影，另一个仅仅是静止的画面吗？在你内在声音的特性上是否有差别？跟这两种体验有关的感觉，其特性是否有差别？

在真实体验中，我们所感觉到的信息的特征，会在某种意义上比想象的体验被更精确地编码，这就造成两者之间出现差异。你拥有帮你了解差异的现实检验策略。

许多人试图用看到自己成功的心像来改变或重新调整自己。这对所有很自然地使用这个策略的人来说，效果会不错。对所有向自己说“你能行”的人来说，视觉心像重构没有什么效果。如果我想让你觉得某些东西是真的，或者想说服你，我必须让它符合你的现实检验策略的准则。我得让它跟你的内在画面、声音、感觉（即次感元）所要求的特性一致。所以，如果我想帮你用某种方式改变你的行为，我得确认它适合你这个人。通过识别现实检验策略，你可以精确地判断出，要怎样表现出行为上的变化才能让你信服自己有可能实现它。

在很多方面，NLP 都是在研究以下议题：我们如何创造自己关于现实的地图，什么使现实或地图保持了稳定的形式，它是如何不稳定的，什么使地图有效或无效。NLP 假定，在我们不同的世界地图中，有不同的现实表达。

我们创立的现实检验策略系统以及该系统如何运作以形成我们的现实地图，从它一出现就成了 NLP 的焦点。现实检验策略是把我们的地图联结在一起的黏合剂——我们“如何”知道某事是这样的。看看下面这个例子，用关于姓名的方式引发一个人的现实检验策略：

Q：你叫什么名字？

L：我叫露茜。

Q：你怎么知道你叫露茜？

L：哦，我一辈子别人都这么叫我。

Q：现在你坐在这里，你怎么知道你“一辈子”都被别人这样叫？你听到什么了吗？

L：对，我听到一个声音说“我叫露茜”。

Q：如果没有这个声音告诉你你叫露茜，你怎么知道你叫这个名字呢？

L：我在心里看见一面旗子，上面写着“露茜”。

Q：如果你看不见这面旗，或者它太远了，你看不清上面的字，那你怎么知道你叫露茜？

L：我就是知道。

Q：如果你看见很多面旗，写着不同的名字，你怎么知道写着“露茜”的那个旗上是你的名字？

L：凭感觉。

这个例子证实了现实检验策略的一些常见特点。那个人“知道”她的真名叫露茜，因为她用多种表象系统交叉参考（cross-referenced）。最后有一种感觉，“露茜”就是那个名字。有趣的是，如果我们可以做一些安排，让她体验不到或者注意不到那种感觉，她是否仍然会知道自己的名字。如果这个练习做得足够多，一个人会开始质疑一些最根本的东西，比如他／她自己的名字。

如果一个人真的找到了自己的现实检验策略的立足点，可能会开始有些失去方向，甚至有些受惊，但这会开启学习和发现的新大门。比如说，一位精神分析师研究 NLP，他对自己的现实检验策略极有兴趣。他发现自己有恒定的内在对话。这位精神分析师意识到自己是用语言来分类标记自己的所有体验。例如，他会走进一间屋子，心里说着"一幅画""一把躺椅""壁炉"等。当被问到能否让那个声音停止时，他很不情愿停下来，因为他害怕失去与他所知道的现实的联系。当被问及他能否做一些事情让自己很舒服地放下内在声音时，他说"我需要拿着一些东西"。我们建议他拿一把汤勺，并保持通过感觉接触现实。这样做的时候，他能够拓展自己的现实检验策略，渐渐开放自己使用新的非语言方式来体验现实。

下面将介绍现实检验策略的练习方法，你可以尝试用这些练习来探索自己。

现实检验策略练习

第一部分：

1. 选一些你昨天做过的小事或一些你有可能做但实际上没做的事。确定那些你可能做但没做的事情完全在你的行动范围内。如果你有可能在冰激凌上抹花生酱，但你压根儿不喜欢把花生酱放到冰激凌上，那你实际上不会去做。选一些你以前做过的事情（例如刷牙、喝茶）。两者唯一的差异是昨天你“确实”做了其中一件，即你刷了牙，但没有喝茶（尽管你可以喝）。

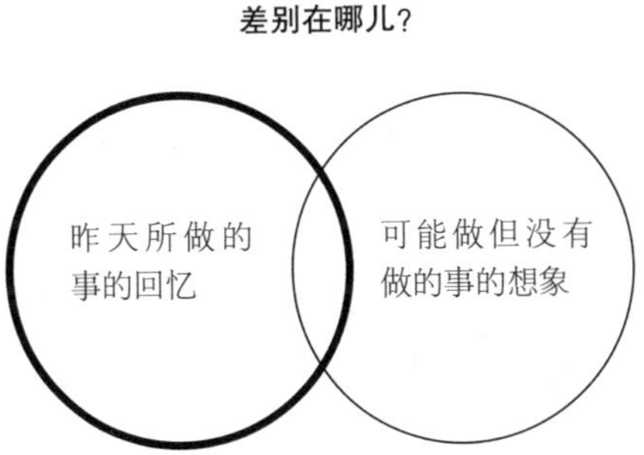

图 4–1　将昨天发生之事的记忆与可以发生但未发生之事的想象做对照，以此探索你的现实检验策略

2. 确定你是怎么知道它们的差别的：做过的事情、可以做但没做的事情。你最先想到的就是最明显的现实检验。也许其中一件在内心里有画面，另一件没有。完成这个画面之后，你可能会注意到它的其他特点。例如查看一下次感元的差别，也许一个画面像是电影，另一个是静止的；也许其中一个比另一个更多彩、更明亮，然后将发现的每一个特点用于实际上“未发生”的记忆，以此来相继探索你的深层现实检验策略。也就是说，让未发生事件的感知表象，变得越来越像真实发生过的事件的表象。此时你如何知道一件发生过而另一件没有发生？继续让“未发生”的事件的心像越来越像“真实”发生过的，直到你无法区分它们的差别。

下面是人们确定某些事情真实发生过的方法列表：

（1）时间——心里最先想到什么？如果这是要求想某些东西时最先联想到的经验，我们通常会认为它是真实的。

（2）使用多种表象系统——该体验关联到视觉、听觉、触觉、味觉、嗅觉。一般来说，记忆中涉及的感觉种类越多，它就更像是真实的。

（3）次感元——内在体验的感知特性是最常见的现实检验策略。如果内在心像多样、强烈、清晰、与实物一样大等，它更像是真实的。

（4）连续性——我们关注的特定记忆，与之前或之后事件的记忆相符（它的“逻辑流”）。如果跟其他记忆连不上，这个记忆就不太像是真实的。

（5）概率——概率是对基于过去行为的信息发生的可能性的评估。有时我们认为某些事情不真实，因为根据已有的信息（这与我们的信念或说服策略重叠），它不太可能或很难发生。

（6）情境——记忆中的环境和背景的细节化程度是判断它是否真实的另一条线索。人造记忆常常会删掉背景情境中的细节，因为觉得那不重要。

（7）一致——体验与我们关乎个人习惯和价值观的信念相符的程度，也会影响我们对其真实性的感知。如果一些可能发生的行为的记忆跟我们的信念不一致，我们不太会认为那是真的。

（8）“元”记忆——人们常常记得自己创造或操控了想象的体验。这一“元”记忆是现实检验策略的核心部分。这样的“元”记忆过程可以被扩展，例如用这样的办法：让人们学会在虚构或假造的内在体验上“做标记”，或在该体验旁边放置想象的画框。

（9）解读线索——现实检验策略的一个核心部分，通常在人们的意识之外，那就是与记忆相关的生理现象。真实的记忆会伴随着眼睛向左上方看（对于惯用右手的人来说），想象则伴随着眼睛向右上方看。尽管人们不太能在意识层面觉察到这些细微的线索，但他们会无意识地用它们来区分幻想与现实。

第二部分：

1. 选两件你儿时发生的事情，确认你是怎么知道它们真的发生过。你会发现准确地确定过去发生过什么，会难一点。在第一部分，你选取的是 24 小时之前发生的事，并就此改变了你对现实的感知。当你考虑 24 年前发生的事情时，决策过程更有趣，因为你内心的画面可能不太清楚，可能被扭曲。实际上，对于遥远的记忆，人们知道某些事情真的发生过，有时是因为它们比人造的体验更模糊。

2. 回想一些你小时候不曾发生的事情（但如果它们发生了，会对你的生活有强有力的积极影响），为这件事情创造内在表象。而后使这个幻想的次感元和其他特性与你的现实检验策略所用的特性相匹配。这会如何改变你的过去经验？

练习的第一、第二部分都试图到达一个临界点：你必须考虑到底哪个体验是真的。不过，在你把未发生事情的表象特征改造得接近真实体验时，你要小心。这个练习的目标，不是混淆你的现实检验策略，而是找出你有什么样的现实检验。记住，你的目标是引出你的现实检验策略，而不是破坏它。如果这个过程引起惊慌（有时会这样），你可能会听到瑟瑟作响的声音，或觉得自己在旋转，在这种情况下最好停一会儿。

对于现实检验策略的混淆，会导致深层的不确定感。事实上，无法区分想象和现实被看作精神病和其他严重心理疾病的症状。这样，理解、丰富和强化自己的现实检验策略，是提升心理健康水平的重要方式。

了解你的现实检验策略的价值，可以使你用它来模拟未来的新体验，就像它们已经是真的发生一样。像莱奥纳多·达芬奇、尼古拉·泰斯拉和沃尔夫冈·莫扎特这样的人都能够在大脑中创造想象，并通过让想象符合他们现实检验策略的准则，将想象变为现实。现实检验策略也可用来帮助人们产生对自己的观点更强的感觉，使思维和体验更清楚。

探索现实检验策略作为回应术模式之一，在用于总结和建立信念时，可以帮助人们通过向下分类发现用来建立特定信念或总结的（通常是无意识的）表象和假设。这会帮他们重新确定或者质疑总结、信念或判断的正确性。这会自动自发地给人们更多选择，并将之作为信念周围的一种“超越”框架（meta frame）。人们可以自由地提问：“这真的是我想要相信的吗”“这是我从那些表象和体验中能做出的唯一归纳总结吗”“我真的对这种信念的体验如此确定，想要那么强烈地保持这种信念吗”。

向上归类以识别和运用价值观与准则层次

也可以对价值观和准则做向上归类处理，以便识别其深层结构——准则层次（hierarchy of criteria）。个人或团体的准则层次，本质上就是他们用来决定在特定情境中如何行动的优先顺序。价值观和准则层次与人们赋予不同行动和体验的重要程度或意义有关。

准则层次的一个例子是，有人认为健康比财务成功更有价值。这个人更有可能围绕体育活动而不是工作机会来安排自己的生活。反之，认为财务成功优于健康的人，会有不同的生活方式。他/她可能会牺牲健康和身体的安逸以求多挣钱。

澄清人们的价值观层次，对于调解、谈判、沟通的成功十分重要。价值观层次在说服他人和激发动机中也扮演着重要角色。

引出一个人的准则层次的主要方式，是找出我们所说的“反例”的过程。从本质上讲，反例是“规则的例外”。下列问题是用于寻找反例的过程，以揭示个体的准则层次：

1. 什么是你能做但不会去做的事情？为什么？

例如：我不会进异性的厕所，因为那违反规则。

准则＝遵从规则

2. 那么，归根结底什么会使你这样做？（反例）

例如：除非别无选择，我又确实急需，那我会进异性的厕所。

高级准则＝事急从权

如同例子所证实的，确认反例有助于发现凌驾于其他准则之上的“较高层次”的准则。回答下述问题，探索反例来理解你自己的准则层次：

1. 什么会激发你去尝试一些新的东西？

2. 什么会让你停止做某件事，即便它满足第一题的答案？（反例 A）

3. 即便由于第二题找出的理由让你停了下来，什么会让你再次开始？（反例 B）

4. 什么会让你再次停下来？（反例 C）

回答问题时注意出现了哪些准则，它们的优先顺序如何。也许你会做一些你觉得“有创意、激动人心”或者“好玩儿”的事情。这是你的第一层次准则。你可能会在你觉得自己对家庭“不负责任”时，停止那些“有创意、激动人心”或“好玩儿”的事（反例 A）。在这个例子中，“责任”的准则层次高于“有创意”或“好玩儿”。然而，你可能会做一些你觉得“不负责任”，但是你的“个人成长需要”的事情（反例B）。那么在你的准则层次中,“成长”高于“责任”和“好玩儿”。再深入下去，你可能会发现如果你确信那会“危害你自己或家庭的安全”，你会停下“个人成长需要”的事情（反例 C）。那么，“安全”在你的准则“阶梯”上要比其他的高。

有时会用另一种方式提问反例（以找出准则层次）：

1.什么会激发你去尝试一些新的东西?

例如：如果那很安全又很容易。

2.什么会让你尝试新的东西，即便它不满足第一题中你的答案?（即并不安全，也不容易）

例如：如果我从中能学到很多东西。

准则层次是人与人之间、团体和文化之间有差异的主要根源。另一方面，相似的准则层次，是团体与个人之间融洽相处的基础。准则层次也是激发动机和市场营销的关键所在。例如考虑下述的假设案例，以寻找反例的方式识别顾客买啤酒的准则层次：

Q：你通常买哪种啤酒?

A：我一般买 XYZ 的。

Q：为什么呢?

A：这是我最常买的啤酒，我想是我习惯了吧。（准则 1 ＝熟悉）

Q：是啊，买你熟悉的东西，那很重要，是不是?你是否买过其他的啤酒呢?（识别反例）

A：当然。有时候会。

Q：你都不习惯那些啤酒，是怎么决定买它的?（引出与反例有关的较高准则）

A：它正在促销，打了折扣，比平常便宜多了。（准则 2 ＝省钱）

Q：有时候省钱是很管用。我想了解的是，你是否买过你不常买也不是在促销的啤酒呢?（识别下一个反例）

A：有的。我搬新家的时候为了答谢帮忙的朋友买过。（准则 3 ＝表达感谢）

Q：好朋友是不能忽视的，告诉他们你有多感激他们。在你不需要回报别人的时候，还有其他东西促使你去买不熟悉也不太便宜的啤酒吗？（识别下一个反例）

A：当然有，我跟同事外出时买过很贵的啤酒。我可不是个小气鬼。（准则 4 ＝他人的印象）

Q：是的，我想在有些特定的情境下，你买的啤酒种类会表明你的身份。我很好奇，是否有什么会让你去买不太熟悉又很贵的啤酒，虽然你不需要感谢别人也不需要给谁留下好印象？（识别下一个反例）

A：我想在我完成了很困难的任务之后，要犒赏自己时我会这样做。（准则 5 ＝欣赏自己）

假定这个人是一大群潜在啤酒消费者的代表，访谈者现在发现了特定的准则层次，如果要把不常见、比较贵的啤酒卖给通常不买它的人，这个准则层次会很有吸引力。

通过识别反例来找出准则层次的方法，在有效说服他人的过程中也很有用。你可以让人们回答这类问题，帮他们打破惯性思维，了解他们的价值观次序。

这一信息也可用来突破平日所认为的界限。比如说，有一次，把这种问卷方法教给一群男士，他们在约会女性上很害羞，因为自认为给不了女人什么东西。他们被教导出去访问女性，学会识别女性的价值观，这会帮他们意识到社交中他们有更多选择。下面是一个这样的访谈例子：

男人：你最愿意跟什么样的男人出去？

女人：当然是既富有又英俊的人了。

男人：你曾经跟不太英俊富有的人出去过吗？

女人：有过。我认识的一个人非常风趣，他几乎能让我因为任何东西笑起来。

男人：你只跟英俊富有或风趣的人出去，还是也曾考虑跟其他类型的男人出去？

女人：当然。我跟一个非常聪明的人约会过，他好像什么都知道。

男人：如果一个人既不英俊富有，也不风趣，你还感觉不到他特别聪明，什么会让你考虑跟这样的人出去？

女人：我喜欢的人当中有这样的，上面说的这些优点他都没有，可他非常清楚他的人生目标，并且有决心做到。

男人：你曾经跟钱、外貌、风趣、聪明、决心都没有的人出去过吗？

女人：没有。我想不起来。

男人：你能想起任何东西会促使你这样做吗？

女人：哦，如果他们做了或正在做一些独特的令人激动的事情，我会感兴趣。

男人：还有别的吗？

女人：如果他们真的关心我，帮我跟我自己联结，能引发我身上特别的东西。

男人：你怎么会知道有人真的关心你？

……

这段对话说明简单的提问可以如何使用，以便从表面的信念到达深层信念和价值观。后者会大大拓宽我们的选择和弹性。

了解到人们有不同的准则（和不同的准则层次）是解决冲突、管理差异性的本质所在。有些个体、文化将“完成任务的价值”看得高于“保持关系”。有些人则相反。

准则层次是一种关键的回应术模式，它帮你找出了当前的归纳总结所用到的准则，并依据比该准则更重要的其他准则，来重新评估（或加强）这一总结。

下列技术是运用这种模式的程序，以便识别和超越与不同层级的准则有关的冲突。

准则层次技术

准则层次中不同层级的准则，常常在“自我”与“他人”之间游移，并随着向深层体验的转换，持续接近核心价值观。也就是说，行为层面的准则（例如，“为他人做或完成某事”），常会被与能力有关的准则超越（例如，“为自己学一些东西”）。信念与价值观层面的准则（例如，“对他人负责”或者“遵守规则”）又会超越能力层面。然而，自我认同层面的准则（例如，“做某种类型的人”或者“保持个人的完整”）又会超越信念和价值观层面。

不同层次的准则常常跟与其关键等同性相关的某种表象系统或次感元特性有关联。了解准则的不同侧面，可以帮你“先跟后带”或者“平衡”各种准则层次，以便更有效地化解冲突和实现所要的结果。下列过程用了空间分类和反例方法，来识别不同水平的准则及其表象特征，以便转换内在的抗拒，建立新的行为模式。

开始之前，如图 4–2 所示那样，并排列出四个位置：

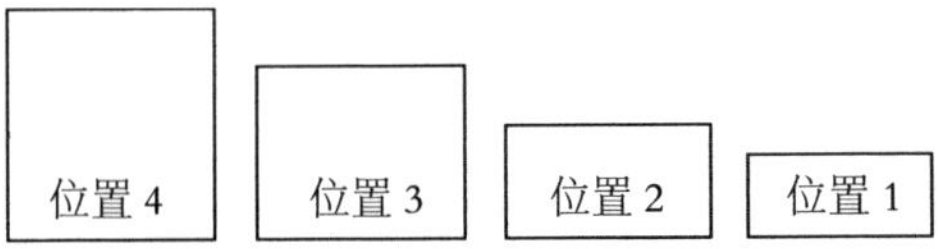

图 4–2　准则层次技术的空间布局

1. 在位置 1 处确定你要做什么，但不要去做。

例如：坚持运动。

2. 走到位置 2，确定促使你想实践新行为的准则。

例如：我想运动，好让自己更健康，看上去很好。

识别决定这一准则的感觉表象或关键等同性。

例如：我自己很健康、看上去很好的未来心像。

3. 走到位置 3，找出制止你真正实践所渴望行为的准则。

（注意：这会是较高层次的准则，因为根据准则的定义，它们超越了动机的准则。）

例如：我没有坚持运动，因为没时间，还会有疼痛。

识别决定这一准则的感觉表象或关键等同性。

例如：一种跟没时间和疼痛有关的压力与紧张感。

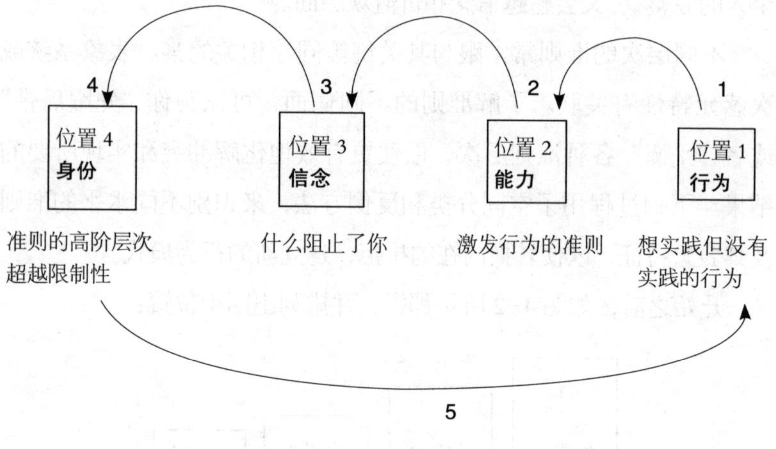

图 4–3 准则层次技术的步骤

4. 走到位置 4，找出能超越第三步的限制性准则的较高准则。例如，你可以问："什么东西足够重要，我会总是留出时间来做，虽然它让我不舒服？满足何种价值观，会使它更重要？"

例如：对家庭的责任。

识别决定这一准则的感觉表象或关键等同性。

例如：我看见我的家庭安全而幸福，我感觉很好，并告诉自己这有多么重要。

5. 现在开始运用下列技术：

（1）制衡——记住你的最高层次的准则，回到位置 1，跳过位置 2、位置 3。将最高准则用于渴望的行为，以便克服限制性障碍。例如，你可以说："我的行动会是家庭的榜样，那我找出时间来保持健康、让自己看上去更好，不就可以显示出更多的责任感吗？"

（2）使用最高准则的关键等同性——走到位置 2，调整与渴望行为有关的准则的内在表象，使之符合你用来确定最高准则的关键等同性。

例如：看到自己健康、看上去很好，看到你的家庭安全和幸福，并觉得不错，告诉自己那有多么重要。

（3）跟随限制性准则——从位置 2 转到位置 3，探求允许你实现渴望行为的选择，它符合所有三个层面的准则，并且不违反限制性准则。例如："是否有某种持续的运动项目，不太费时间，不痛苦，我又可以致力于家庭？"

第五章

信念和预期

信念和信念系统

除了价值观和准则之外，还有一种我们用来框架体验并赋予其意义的最基本方式，那就是强化我们的信念。信念是我们所说的深层结构的另一种重要成分。信念在很多方面塑造和产生了我们的思想、语言和行动的表层结构。信念决定了我们如何定义事件，它也是动机和文化的核心。我们的信念和价值观会强化（激励或说服）支持或抑制特定的能力与行为。信念和价值观跟“为什么”这个问题有关。

本质上，信念是对我们自己、他人和周围世界的评估与判断。在 NLP 中，信念被看作是对以下事物的总结：(1) 因果；(2) 意义；(3) 界限。(a) 周围的世界；(b) 我们的行为；(c) 我们的能力；(d) 我们的身份。例如，“大陆板块的移动引发了地震”“上帝的愤怒引起了地震”这样的陈述，反映出我们对关于我们周围世界中事发原因的不同信念。类似“花粉会让人过敏”“隐瞒消息是不道德的”“人不可能在四分钟内跑完一英里”“我学东西太慢了，我永远不可能成功”“每个行为背后都有一个正面的意图”这样的陈述都代表着某种形式的信念。

信念在不同于行为和感知的层面上运作，它联结我们的体验与价值观/准则，以此来影响对现实的体验和解释。例如，价值观必须通过信念与体验相连，才有现实意义。信念将价值观与环境、行为、思想和表象相连，或者与其他信念和价值观相连。信念界定了价值观与其成因，及关键等同性与其结果两者间的关系（第六章会对此做深入讨论）。一个典型的信念陈述，会将某种价值与体验的其他部分相联结。例如，“成功需要努力工作”这种信念陈述，将“成功”这一价值与某种活动（努力工作）联结。“成功主要靠运气”这一陈述，将同一价值与不同的活动（运气）联结。根据一个人的信念，他/她倾向于试图采用不同的方式获得成功。而且一种情境、活动、想法与个体或群体的信念/价值观以何种方式相符（或不相符），也会决定它被如何接收和组合。

神经学上，信念与边缘系统和中脑的视丘下部有关。边缘系统关系到情绪和长时记忆。虽然边缘系统在很多方面比大脑皮层更“简单原始”，但它负责整合来自大脑皮层的信息，并调节自主神经系统（控制了诸如心率、体温和瞳孔扩张等基本的身体功能）。由于信念产生于大脑的深层结构，它会导致体内基本生理功能的改变，并引发许多无意识的反应。事实上，我们知道自己相信某些东西的方式之一是它触发了生理反应，它让我们“心跳加速”“热血沸腾”“起鸡皮疙瘩”（所有这些效果都无法有意识地产生）。这是测谎仪能够测出人是否“说谎”的原因。人们相信自己所说的话和他们仅仅是行动上“说出来”（像演员背台词那样），或者他们不诚实、不一致的时候，其生理反应是不同的。

正是信念与深层生理功能的密切联结，创造了这一可能性——信念在健康和治疗（像安慰剂效应的例子）领域有如此强大的影响力。信念在我们行为的很多层面都有自我组织和“自我实现的预言”的效应，它将我们的注意力集中于某个领域，而过滤掉其他。一个深信自己得了不治之症的人，会围绕这种信念来安排自己的生活和行动，做很多反映这种信念的微妙而无意识的决定。由于信念所生的期望会影响我们的深层神经运作，它们也会带来戏剧性的生理效应。这可以由下述例子证实：收养了婴儿的妈妈，由于她相信妈妈应当用母乳喂养婴儿，于是她开始分泌乳汁，并有了足够的奶水来自己喂养收养的孩子。

信念的力量

信念对我们的生活有强大的影响力，它们也很难通过逻辑规则和理性思考而改变。亚伯拉罕·马斯洛讲过关于一个接受精神科医生治疗的病人的老故事。该病人不吃东西，也不照顾自己，他声称自己是一具尸体。精神科医生花了很长的时间跟病人争辩，试图说服病人：他并不是一具死尸。最后医生问病人尸体会不会流血。病人回答说："当然不会了，尸体的所有功能都停止了。"随后医生说服病人尝试做一个实验。医生说要小心地用针刺病人，看他会不会流血。病人同意了。毕竟他是"尸体"。医生用一根针轻轻地刺了病人的皮肤，当然，病人开始流血。病人震惊而迷惑，喘息着说："岂有此理！尸体居然流血！"

有一个常识：如果人相信他自己能够做某件事，他就能做。而如果他相信某事不可能成，花多少力气说服他那可以做成都没用。不幸的是，很多病人，例如得了癌症或心脏病的人，经常会向医生和朋友表现出上述故事中的信念。类似"现在太晚了""我做不了什么""我是个受害者，我的劫数到了"这样的信念，经常会限制病人充分利用其资源。我们关于自己和周围世界中可能性的信念会日复一日地影响我们的效能。我们所有人既有资源性信念，也有限制自己的信念。

有一项教育研究证明了信念的力量：一群孩子经测试表明有平均水平的智力，他们被随机分成人数相等的两组。其中一组的老师被告知，孩子们"很有天赋"。另一组的老师则被告知孩子们是"低能儿"。一年以后为两组孩子重新测智力。不出所料，被称为"很有天赋”那组的孩子，大部分得分高于一年前；而被宣称是“低能儿”的一组，大部分得分降低。老师对学生的信念影响了学生的学习能力。

在另一项研究中，100 名患癌症的“幸存者”（症状消失 10 年以上的病人）接受访谈，谈他们做了些什么得以战胜癌症。访谈显示，没有一种疗法比其他疗法更有效。有些人采用了化学疗法的标准药物治疗或放射性治疗，有些人用了营养疗法，有些人主要用心理方法，还有些人什么都不做。全组人唯一的共同特点是，他们坚信自己所用的方法会奏效。

关于信念既是限制我们也是鼓舞我们的力量的另一个很好的例子是“四分钟一英里”的故事。在 1954 年 5 月 6 日以前，人们相信，四分钟是人类跑完一英里的极限，人类不可能用低于四分钟跑下来。罗杰·本尼斯特在那历史性的一天打破了四分钟的纪录，之前九年内甚至都没有人接近过这个纪录。而就在本尼斯特成功之后的六周内，澳大利亚短跑选手约翰·伦迪（John Lundy）刷新了纪录，将纪录降低了一秒。随后九年中，近两百人打破了这个一度被认为不可逾越的障碍。

无疑，这些例子看起来证明了我们的信念会塑造、影响甚至决定我们聪慧、健康、交际和创新的程度，甚至决定我们幸福和成功的程度。那么，如果信念真的在我们生活中有这么强大的影响力，我们怎样才能控制它们，而不是被它们所控制？在儿时，在我们意识到其影响力、能够有所选择之前，许多信念就由父母、老师、抚养者和媒体种下了。有可能重构、消除或改变限制我们的旧信念，并刻下新信念，以拓展足以超越我们当前想象的潜能吗？如果能够，我们怎样去做呢？

身心语言程序学和回应术模式，提供了一些新的有力工具，用来换框和转换潜在的限制性信念。

限制性信念

限制性信念最常见的三大领域集中于没有希望、无能为力和没有价值的议题。这三方面的信念对人的身心健康有惊人的影响。

1. 没有希望：无论你能力如何，渴求的目标不可能实现的信念。

2. 无能为力：渴求的目标有可能实现，但你没有能力做到的信念。

3. 没有价值：由于某种原因，你不配得到渴求的目标的信念。

绝望发生在人们不相信某个渴求的目标有可能实现时。它的特点是："无论我做什么都没用。我要的东西根本拿不到。那超出了我能控制的范围。我仅仅是个可怜的受害者。"

无能为力发生在这种情况下：虽然他/她相信有结果、有可能达到目标，但他/她不相信自己有能力得到结果。无能为力产生的理解是："他人有可能实现这个目标，但我不行。我不够好，不够有能力做好它。"

没有价值发生在这种情况下：虽然这个人相信渴求的目标有可能实现，甚至相信他/她有能力实现目标，但他/她认为自己不配得到自己想要的。对没有价值的典型理解是："我是空壳。我什么都不是。我不配拥有幸福或健康。我这个人有根本的问题，我应当承受经历过的那些痛苦和折磨。”

要想成功，人们需要把这三种限制性信念改变成以下信念：有对未来的希望，有能力感和责任感，有自我价值感和归属感。

显然，最深入的信念是那些关于我们的自我认同的。一些关于身份的限制性信念是：“我是无能为力的”“我没有价值”“我是个受害者”“我不配成功”“如果得到我想要的，我会失去很多”“我不被允许获得成功”。

限制性信念有时就像思想病毒一样运作，有着类似于电脑病毒或生理病毒那样的破坏力。思想病毒是可以成为“自我实现的预言”的限制性信念，并妨碍着人们自我治愈、自我提升的努力和能力（第八章对思想病毒的结构和影响有深入的介绍）。思想病毒包含默认的假定和前提假设，这使它们难以被识别，难以被挑战。一般情况下，最有影响力的信念在我们的意识之外。

限制性信念和思想病毒出现时，看起来像是改变过程中无法超越的“困局”。在这样的“困局”中，你会觉得：“我试过所有的方法来改变它，但都没有用。”有效地应对困境，需要找出限制性信念，发现其核心，并把它放到合适的位置。

转换限制性信念

最终，我们会拓展和丰富我们的世界观，越来越清楚我们的身份和使命，以此来转换限制性信念，并对思想病毒“免疫”。例如，限制性信念的产生常常是为了实现某种正面的意图，如保护与建立边界感和个人力量感等。认可这些深层的意图，并更新我们的心灵地图，使之可以包含其他更有效地满足这些意图的方式，便可以使我们通过最小的努力和经历最小的痛苦来改变信念。

许多限制性信念的产生都是没有回答“如何”“怎样”式问题的结果。也就是说，如果一个人不知道怎样改变自己的行为，就很容易建立一种信念：“这种行为无法改变。”如果一个人不知道如何完成某项任务，他也会产生这样的信念：“我没有能力成功地完成工作。”因此，要帮助一个人转换限制性信念，回答一系列“如何”“怎样”式问题就很重要。例如，要坚定这样的信念：“表露出情绪会很危险。”我们需要回答这个问题：“如何安全地表露情绪？”

鼓舞人心或者限制人的信念，都经常来自比较重要的那个人的反馈和强化。例如，我们的认同感和使命感都经常由与比较重要的那个人或“良师益友”的关系而界定，他人是我们在自己所属的大系统中的参照物。由于身份和使命构成我们信念和价值观周围更大的框架，因而建立或改变与重要他人的关系，会对信念有重大影响。因此，澄清或改变核心关系以及在关系情境中得来的信息，会自然而然地促进信念的转换。建立新的关系经常是促进持久的信念改变的重要部分，尤其是那些在身份层面上提供正面支持的关系（这是“再版”的 NLP 信念改变技术的基础原则之一）。

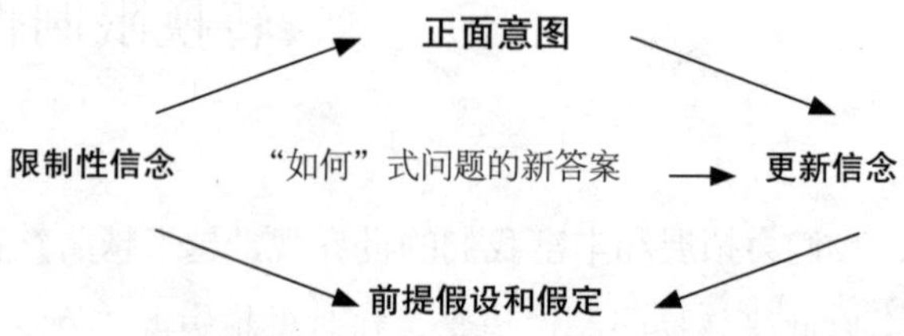

图 5–1 可以这样转换或更新限制性信念：识别信念背后的正面意图和前提假设，提供替代和“如何”“怎样”式问题的新答案

总而言之，限制性信念可通过以下方式更新和转换：

1. 识别和认可潜在的正面意图。

2. 在信念的基础上识别任何默认的或无意识的预设和假设。

3. 拓宽对与信念相关的因果链或“复合等同”（complex equivalences）的观点。

4. 就满足限制性信念的正面意图或目标，提供“如何做”的替代。

5. 澄清或更新那些塑造个人使命感、目标感的重要关系，在身份层面上接受正面支持。

预　期

鼓舞性和限制性的信念，都与我们的预期有关。预期意味着“期待”某些事件或结果。根据《韦氏词典》，预期“暗示对某些事情、行为或感觉产生预期，预料其发生的高度确定性”。依据行为被引导的方向，预期以不同方式影响我们的行为。西格蒙德 · 弗洛伊德（1893）指出：

> 有些想法由于其自身的预期而产生影响。它们有两种：我在做这个或那个的想法——我们称之为意图，以及发生在我身上的这个或那个想法——固有的预期。其影响取决于两个因素：一是结果对于我的重要程度；二是对“结果”预期所固有的不确定性程度。

人们对结果和自身能力的信念和预期，在他们实现渴求状态的能力上扮演着重要角色。弗洛伊德对意图和预期所做的区分，指的是现代认知心理学所称的“自我效能”预期和“结果”预期。“结果”预期是个人对某种行为导向特定结果的评估。“自我效能”预期则关系到个人对自己的确信：能否成功地执行实现渴求结果所需的行为。

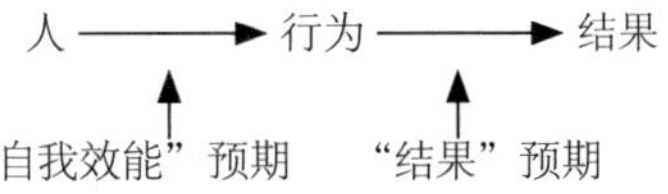

图 5–2　“自我效能”预期与“结果”预期的关系

这些信念和预期会决定人们在处理压力和挑战时，付出多少努力，能够坚持多久。例如，在自我管理活动中，那些怀疑结果的可能性或者怀疑自身能力的人，往往会在接近限制时破坏自己的努力成果。通常情况下，缺乏“结果”预期会导致“绝望感”，这使人们淡漠、想放弃。另一方面，缺少“自我效能”预期，会使人感到“无助”，有一种无能为力感。

此外，强烈的正面预期会推动人们付出额外的努力，释放潜藏的能力。强烈的预期产生影响力的一个好例子，就是我们说的“安慰剂效应”。在安慰剂的例子中，给人们的“假”药中，实际上没有有效的治疗成分。然而，如果病人相信药是“真的”，并且希望病情“好转”，他/她的身体会真的开始出现康复迹象。事实上，有些安慰剂研究，得出了戏剧性的结果。在这些实例中，个人的预期其实触发了隐藏却几乎从未使用的行为能力。

在学习和改变的关系上，“结果”预期关系到人们在多大程度上期待他/她所学、所用的技能或行为，可以在所处的现实环境系统中真正产生渴求的效益。“自我效能”预期则关系到个体对以下因素的自信程度：个人效能，或学习技能的能力，或为达到某一结果而采取必要行为的信心程度。

在挑战情境中，以有效行动获得渴求的结果，有助于增强个体对现有能力的自信。因为人们虽然有相应的技能，但很少能够充分表现出其潜力。只有在触及个人边界的情境下，人们才会发现自己实际上能做到什么。

与行为所指向的结果有关的预期，是激励的原动力。在这个意义上，人们如何感受，会做什么，取决于他们的价值观、做某事的原因及期望的结果。例如，强烈而正面的“结果”预期，会推动人们怀着实现某种渴求目标的希望而付出额外的努力。另一方面，如果预期的结果是负面的，会导致人们产生要么逃避、要么淡漠的态度。

从 NLP 的观点看，预期是地图与实景的关系以及内在地图对行为的影响的典型例子。根据 NLP 理论，预期是与未来的行动和结果有关的心灵地图。这个地图可以是个体的行为、行为的结果或发生在我们身上的事件。当这样的地图非常强大时，它们的影响可以超过我们身边的现实。

所有人都会创造预期，并希望世界符合自己的预期。世界与我们对世界的预期之间的落差，是许多人的人生失意的根源。就如 NLP 创始人之一理查德・班德勒所说："失望需要充足的计划。"对成败前景的强烈预期，也是我们所说的"自我实现的预言"的基础。

因此，预期成为环绕我们体验的另一种有力的框架，会多方面影响甚至决定我们来自体验的信念或判断。过去数百年中，关于预期的效用的知识，已被用来影响人们对特定事件和情境的感知和评价。

例如，对强化物的预期，对行为的影响力，超过了强化物本身。对那些完成特定的行为任务而获得奖赏的学生所做的实验显示：当他们预期未来同样的行动不再会获得奖励时，他们所做的努力明显下降——无论后来他们实际上是否得到奖赏。那么，对未来强化物的信念和预期，对行为的影响，超过了后来行为得到强化这一客观事实。

预期的强度是所期待的结果强有力的表象的作用。从 NLP 的观点看，一个人在想象中能够看到、听到或感受到未来的结果越多，预期的力量就越大。这样，丰富与可能的未来行动或结果相关的内在心像、声音、语言或感觉，可以强化预期。同样的，减弱与潜在的未来预期有关的内在表象的特点或强度，会减弱预期。

像上面提到的学生的例子，预期的强度也受潜在的因果关系影响。如果学生相信“实验结束了”，他们就不会再期待在他们被强化的任务上得到奖励。在这个意义上，预期常常是潜在信念的反映。如果我们相信“努力工作必有报偿”，我们会期望自己的付出获得回报。如果我们相信“某某是好学生”，我们会期待他/她在班上有出色的表现。

潜在的信念也会产生抗拒或“反预期”，它们以干扰内在表象的方式出现。就像弗洛伊德描述的：

> 主观的不确定性或“反预期”，会表现为一堆想法，我称之为“自寻烦恼的矛盾想法”。在有某种意向的情况下，这种矛盾想法会出现：“我不可能成功实现我的目标，因为这对我来说太难了，我不适合做这个。而且我知道，一些人已经在这样的情况下失败了。”另一个预期的例子毋庸置疑：矛盾的想法包含了列举出所有可能发生在我身上，而不会发生在我向往的人身上的事情。

因此，预期可以是正面的或负面的。也就是说，它们会支持渴求的结果或者对抗它。自相矛盾的预期会造成混乱或内心的冲突。NLP 提供了多种工具和策略帮助发展正面的预期，处理负面的预期。建立或改变预期的基本 NLP 方法包括：

1. 直接处理与预期相关的内在感知的表象。

2. 处理预期的来源：潜在信念。

预期与回应术模式之后果法

回应术模式的后果法，用预期来强化或挑战归纳、总结与信念。这种模式将注意力指向信念或由信念产生的总结所造成的潜在影响（正面的或负面的）。期待正面的后果，会增强和强化信念与判断——虽然判断是负面的或限制性的（“结局证明手段”这一原理的运用）。我们多少次听到有人说：“我是为你好才这么说（或这么做）的。”

当然，负面的后果会挑战概括化的总结，使之产生疑问。

回应术模式的后果法，与 NLP 的下述前提假设有关：

> 回应、经验或行为，没有独立于情境之外的意义，这里的情境指它所发生的情境或它所引发的后续情境。任何行为、经验或回应都可以是资源，也可以是限制，这取决于它与系统的其他部分如何匹配。

因此，期待的后果成为经验的一种框架。识别正面后果是为限制性或负面的判断或总结重建“结果”框架的一种方式。

这种模式如何运用的一个好例子，可能是本章前面引用过的：精神科医生与自称“尸体”的病人。医生用针刺病人来证明他仍会流血，以从逻辑上说服病人不是尸体。然而，医生的努力白费了，病人有些迷惑并喘息着说：“岂有此理！尸体居然流血！”

如果那位精神科医生熟悉回应术模式的后果法和本书中迄今为止探讨过的原理，那么他就不会强行说服病人，而是运用病人自己的想法来治疗。例如，医生可以说："那好，既然尸体可以流血，我很想知道他们还可以做什么？也许尸体可以唱歌、跳舞、大笑、消化食物，甚至学东西。咱们试试吧。你看，兴许你会发现作为尸体也可以过得不错（有些人就是），同时你还能保留作为尸体能得到的好处。"与其攻击和挑战病人的信念，不如将这种信念从问题换框为优势（就像爱因斯坦所指出的：你不能用产生问题的同一种思维来解决问题）。

我曾经在一位被诊断为"强迫症"的女性身上成功地运用了这个特殊模式。她相信身上有小虫子。她管它们叫"真实想象的跳蚤"。说它是"想象"的，是因为他人无人相信有这些虫子存在。但说它是"真实"的，是因为她感觉到它们在她身上，她无法忽略这个，它们带给她"被侵害"的可怕感觉。

她花了非常多的时间试图保护自己免受"跳蚤"侵扰。她有七十二双不同的手套，分别用来开车、做饭、穿衣服，等等。她总是买袖子长过手臂的衣服，这样就不会露出皮肤。她不断地擦洗皮肤来洗掉那些"跳蚤"。她擦洗得很厉害，以至于皮肤总是又红又粗糙。

"跳蚤"是"虚构的"这一事实，使它们有了若干有趣的特性。例如，每个人都有这些"跳蚤"，有些人会比他人更多一点，尤其是她父母。她当然深爱她的父母，但由于他们的"跳蚤"太多，她无法花太多时间与他们相处。由于"跳蚤"来自她的幻想，它们甚至可以从电话里出来。所以，当她的父母来电话时，"跳蚤"会从话筒里飞出来，于是她不得不挂断电话。

这位女性三十出头，挣扎于这种强迫症已经超过十五年。当然，人们很多次试图说服她：这种想法很荒唐，但都不奏效。我花了一些时间来跟她建立亲和感，找出她的关键等同性和现实检验策略。到了某一个节点上，我说道："你看，你一直试图除掉这些'跳蚤'。你总想洗掉它们，让它们消失，这可能不是对付它们的有效办法。有人治疗过你对这些'真实想象的跳蚤'的'真实想象的'过敏吗？"

我向她解释，她的状况符合所有过敏症的症状。例如，有些人对空气里的花粉过敏，他们看不见花粉，但能够闻到，并感觉很糟糕。然而，这些人不是试图躲开花粉，洗掉花粉，让花粉消失，而是通过服药来治疗自己的免疫系统，减少过敏症状。

而后我取出一瓶"安慰剂"，对她说："这是'真实想象出来的药'。它们是'虚构'的，因为里面没有任何真的药物成分；它们又是'真实'的，因为它能治愈你的过敏，改变你的感觉。"我用所了解到的她的关键等同性和现实检验策略，向她描述了"安慰剂"如何工作，如何令她有不同的感觉。我小心地解释了"安慰剂效应"的力量，引用了一组用"安慰剂"有效治疗过敏反应的研究。这一解释与她自己的信念系统如此匹配，她找不出任何逻辑漏洞，于是同意试用药丸。

有趣的是，第二个星期她回来时，她真的吓坏了。因为这些"真实想象出来的药"起了作用，所以她被吓着了。她坐下来说："我怎么知道买哪种衣服？我怎么知道如何跟父母相处？我怎么知道可以让谁碰我？我怎么知道在我所在的世界中，该做什么，该去哪里？"她是在说，这些信念已经取代了她从未有过的决策策略。就像我在前面指出的，限制性信念通常是未回答的"如何""怎样"式问题的结果。为了从整体上改变她的信念，她需要适当找出所有这些未回答的“如何”“怎样”式问题。

一旦这位女士相信自己有可能脱离“跳蚤”的困扰，她就要面对自己关于自身能力的信念。新的“结果”预期令她重新评估了自己的“自我效能”预期。被教导后，她能够学会若干有效的决策策略，并从此不再为强迫症所困扰。

识别一个限制性信念或总结，它阻碍了你或他人像你所知道的那样有效行动，以此来自己探索一下后果模式。考虑下述问题来丰富你对此情境或经历的观点：“这种信念或它所说明的总结，其正面效用是什么？”（这样做的方法之一是，以一个以上的“时间”框架来考虑问题或困难。例如，从一小时、一天、一周、一个月、一年、很多年的角度来看待这个情境。）

例如：当我遇到挑战性情境而感到害怕时，我觉得自己像个懦夫。

正面后果：害怕会让人避免在遇事时仓促行动，这更能帮助他们顾全大局。因此害怕不是坏事情，它让人更加深思熟虑，顾全整体。从长远来看，你的害怕会让你成为更有智慧、更有决心的人。

描绘关键信念和预期

总而言之，人们获得新的参考经验和认知地图以形成“计划”，并以此改变行为。然而，同样的行为并不总是产生同样的结果。有些因素，比如通往结果的“途径”、所接受的关系支持的程度、系统内的变数、可用的工具，会决定在系统中特定行为达成渴求结果的可能性。

要管理变化、实现目标，需要将认知地图、参考的经验、相关的支持、所需的工具，组建成对特定目标、任务、情境来说最适宜的假定和预期。

例如，我们的预期会极大地影响我们对实现特定目标的信心程度。关于实现目标，出现的基本信念问题，来自与变化的若干基本组成部分相关的预期：

1. 对结果的渴求。
2. 行动会产生对该结果的信心。
3. 评估行动的适宜度和难度（无论该行为是否产生渴求的结果）。
4. 能够采取所需行为来完成计划并接近目标的信念。
5. 责任感、自我价值感，以及所需行为与结果之间的关联感。

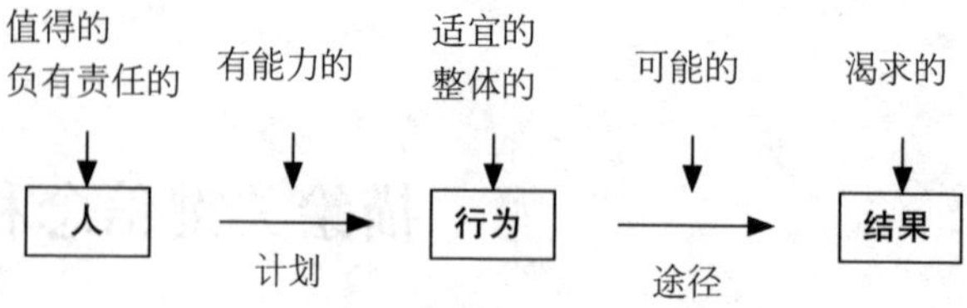

图 5–3 与改变有关的信念议题

例如，如果有人想要身体更好，学新东西，或者在商业领域成功，产生的信念议题可能会与上述任何一个元素有关。

第一个议题是关于对结果的渴求。这个人有多真心想要健康、学习或成功？在其他条件相同的情况下，毫无疑问每个人都想要这些，但很少会有其他条件相同的情况发生。事实上，健康、学习或成功并不总是排在一个人标准等级的顶端。有人会说："现在对我来说健康不是最重要的""我有这么多事情要去关注，学新东西没那么重要""他人需要我。只关心我自己的成功，这太自私了"。

即使一个人非常渴望健康、学习或成功，他 / 她也有可能质疑能否实现。他 / 她可能会说："我不管做什么，身体都好不起来""老狗学不会新把戏""我不应该对成功抱有虚假的幻想，我做任何事都无法改变现状"。

也有人极其渴望某种结果并相信它有可能实现，他们会怀疑有无实现目标的最适合的行动路径。他们会主张："我相信有可能实现目标，但不是用这个计划、技术或程序，等等。"他人可能认为存在有效的途径，但不愿付出该途径所需的努力或牺牲，或者担心对生活中其他领域有影响。例如，一个人可能相信运动或营养饮食会帮他 / 她变得更健康，但不愿经历因改变生活方式而带来的不适应。他人可能相信某些课程可以帮他们学到一些重要的东西，但觉得没有时间去学。同样的，有人可能相信做新工作会导向成功，但他们会担心那对他的家庭有影响。

有人也可能渴望那种结果，认为它可以实现，相信计划的行动路径很适合实现目标，可就是怀疑自己是否有执行必要行动的能力。他们可能会想："要想成功地完成实现渴求目标所必需的行动，我还不够熟练、坚定、聪明或专心，等等。"

即使人们向往某项结果，相信可以实现它，确信所设定的行动可以达成目标，也自信有能力掌握相关技能、采取相应行动，但他们仍可能质疑：采取行动实现目标，是否是他们的责任？有人可能会抱怨："让我健康、好学或成功，这不是我的责任，这是专家的工作。我希望能够依靠别人。"人们也会怀疑他们是否值得拥有健康、学习或成功。这是有关自尊的问题。有时人们会觉得自己不值得健康、聪明或成功。如果一个人不相信自己值得实现某个目标，或者他有责任去完成所需的行动，那么，无论他/她是否有能力，是否了解适宜的途径，是否渴望结果，都没有用。

评估改变的动机

能够评估和确认整个信念系统，以便帮助别人或我们自己实现目标，这非常重要。如果有太多的冲突或疑问，就无法有效实施计划和行动。另一方面，就如“安慰剂效应”所证实的，鼓舞性信念和假设，可以释放能力和“潜意识的力量”，这些潜能在某些个体和团体中存在，但从未被使用过。

明确个人或团体动机水平的方式之一，是评估五种关键信念。我们发现这些与改变的历程有关。可以用下述示例显示的详细陈述信念的方式来评估这些信念：

1. 对结果的渴求。

陈述：“目标令人渴望，值得为之努力。”

2. 获得结果的信心。

陈述：“目标可以实现。”

3. 评估实现目标所需行动的适宜度或难度（无论是否相信该行为能产生渴求的结果）。

陈述：“为实现目标所要做的事很适宜且平衡。”

4. 相信一个人能够产生所需行为的信念。

陈述：“我/我们具备实现目标所需的能力。”

5. 自我价值感或所需行为与结果之间的关联感。

陈述：“我/我们有责任实现目标，我/我们也值得实现这个目标。”

陈述信念之后，个体可以用 5 点量表评估对每一个陈述的信心水平。在这里，1 表示信念极低，5 表示信念极高。这样可以及时和有趣地描绘动机或信心方面的潜在问题。任何低分的陈述，都表明可能有阻力或干扰，需要加以处理。

下一节中的信念评估单是一个简单而有效的工具，可以帮助我们快速评估目标或计划相关领域的信念。

信念评估单

用一句话描述要达成的目标或结果：

目标或结果 ______________________________

在下述空白处的 5 点量表中，评估关于结果的每种陈述的信心水平。其中 1 代表信念极低，5 代表信念极高。

1. “目标令人渴望，并值得为之努力。”

1	2	3	4	5

2. “目标可以实现。”

1	2	3	4	5

3. “为实现目标所要做的事很适宜且平衡。”

1	2	3	4	5

4. “我 / 我们具备实现目标所需的能力。”

1	2	3	4	5

5. “我 / 我们有责任实现目标，我 / 我们也值得达成这个目标。”

1	2	3	4	5

建立信心和增强信念

评估完信念核心领域的这些信心和适合程度之后，你可以考虑下述问题来强化自己在存疑领域的信念：

1. 若要更适合或更有信心，你还需要了解什么、为目标增加什么、相信什么？

2. 对于这种信念，谁可以做你的指导者？

3. 这个指导者会给你什么信息或建议？

用“就像”框架强化信念和预期

“就像”框架是这样一个过程：个体或群体表现得“就像”所渴求的目标或结果已经实现了，或者个人或群体假装自己就是他人或其他实体。“就像”框架在帮助人们识别和丰富地理解世界、未来渴求状态上非常有力。它在帮助人们克服当前世界观的阻力和限制上也非常有用。

“就像”框架经常以创造反例或替代性选择来挑战限制性信念。例如，如果有人说，“我做不了‘×’事”或“做‘×’事根本不可能”，那么可以用“就像”框架来问他：“如果你能做‘×’事，会发生什么”，或者“表现得就像你能做‘×’事，那会怎么样”，或者“如果你（已经）能做‘×’事了，你会怎么做”。例如，如果一个企业管理者无法清楚地描述他/她所渴求的某个特定的项目的结果是什么样子，那么顾问可以说：“想象在五年以后，运作的事情跟现在有什么不同？”

表现得“就像”那样，使人们放下当前对现实限制的感知，充分运用其想象力。这运用了我们天生的能力来想象和假装。它使我们摆脱自己的历史、信念系统和“自我”的界限。事实上，它帮助我们把“我”作为一项功能来识别和运用，而不是作为僵化的名词。

很多NLP方法和技术用到了“就像”框架。例如，在建立目标、结果或梦想的过程中，我们表现得“就像”它们是可以实现的。我们在脑海里创造它们的视觉化图像，并给予这些图像我们渴望的特性。而后我们将梦想变为现实，我们表现得“就像”在体验符合这些梦想与目标的感觉，在执行符合这些梦想与目标的行动。

“就像”框架的重要性在于，它创造了一个空间，让我们得以激发能够支持我们实现目标的身心能量。米尔顿·艾瑞克森曾多次说：“你可以假装做任何事，而后就会掌握它。”

“就像”框架是顾问、导师们的核心工具之一。下一节所述练习使用了“就像”框架，可以帮助我们绕过限制性信念。

“就像”练习

1. 探索者想出一些他/她有所怀疑的目标或情境。探索者要向顾问表述限制性信念，即“对我来说不可能……”“我没有能力……”“我不值得……”，等等。

2. 顾问分别用下述说法鼓励探索者：

“如果（它有可能/你有能力/你值得），会发生什么？”

“表现得就像（它有可能/你有能力/你值得），那会怎样？”

“想象你已经能够处理跟你的信念（那不可能/你没有能力/你不值得）有关的所有议题，那么你所想的、所做的、所相信的会有何不同？”

3. 如果探索者有其他异议或障碍，顾问可以继续问：“如果你表现得‘就像’已经处理了这个干扰或障碍，你的回应会有什么不同？”

第六章

信念的基本结构

信念的语言结构

信念和信念系统的主要目的是将核心价值观与我们的体验和世界地图的其他部分联系起来。正如前面信念陈述中“要想成功，需要努力工作”所指出的，把“成功”这个价值与特定活动（“努力工作”）连在一起。“成功主要靠运气”这种陈述把同样的价值与不同的原因（“运气”）相连。这些陈述证明，信念是对我们的体验中各种不同元素间关系的基本陈述。

在语言上，我们常会把信念用我们所说的“复合等同”或“因果”的形式来表达。复合等同这种语言陈述模式，意味着经验的不同方面等同（“A=B”，或者“A 意味着 B”）。这种语言模式主要用来给价值观下定义，以及为是否符合或违反了价值观寻找依据。比如说，“休息时心跳在每分钟 60 下，表示很健康”“有很多钱，意味着你很成功”“爱，意味着永远不用说‘你很抱歉’”，这些都是信念的复合等同的例子。

因果式陈述（其特征是会用到以下词语：“引起”“使”“促使”“导致”“结果是”等）将价值与体验的其他方面连在了一起。这种语言结构是用来界定特定价值观的原因和后果。本杰明 · 富兰克林的名言“早睡早起使人健康、富有和聪明”，就是对偶然因素促成实现某些价值的一个论断。“权力导致腐败”“爱可以疗愈”等谚语都是表示特定价值的后果的陈述。

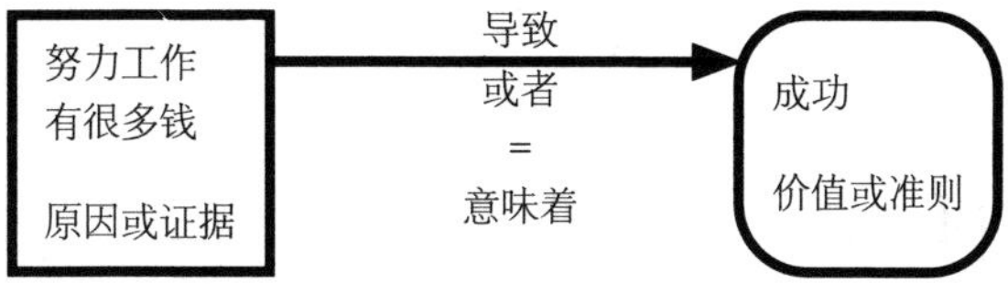

图 6–1　信念常用复合等同或因果的形式来表达

复合等同和因果式的归纳总结，是我们建立世界地图的根本结构。

复合等同

复合等同是谈论两种或两种以上的体验，就像它们是同样的或“等价的”。复合等同与关键等同性关系较远，但它们有明显的不同。关键等同性建立在某些基于感官经验的价值或准则的依据上。它会向下分类，直至价值或核心准则的具体指标。复合等同则更多的是“定义”，而不是“证明过程”。复合等同更接近横向归类过程。比如某些价值或准则的复合等同，可能以其他归纳总结或名词化的形式表示。

例如这样一种陈述：“他身体很差，他一定很不喜欢自己。”说话者暗示“身体很差”在某种意义上等于“自我憎恨”。在说话人的世界观里，这两种体验是“一回事”（虽然在现实中它们根本不相干）。其他复合等同的例子可能会这样陈述：“思考和做事逾越社会规范，意味着你精神状态不稳定”“安全，意味着有力量跟不友善的势力抗争”“如果你说得不多，那肯定意味着你无话可说”。

每种陈述都是在两个事物间建立了“等同”关系，或者对其更准确的定义是“简单等同”。这种陈述的危险是：深层结构层次上的复杂关系在表层结构层次上过分简化了。就像爱因斯坦说的：“任何东西都应当尽量简洁，但绝非更加简单化。”

我们对事件和经验的“解释”，来自建立和运用各种复合等同。从积极的意义上讲，通过解释所建立的联结，有助于简化和说明复杂关系。然而，在问题层面上讲，复合等同可能会扭曲或过度简化系统关系。例如，病人（以及病人的家庭）常常用负面或令症状持续保留的方式解释。

从回应术的观点看，问题不在于是否找到“正确”的复合等同，而在于能否发现这样的解释：提供新的观点、更宽广的地图或不同于制造问题思维的新思维方式。

因　果

因果的观点是我们的世界观的基础。有效的分析、调研和各种模仿，都需要识别出可见现象背后的原因。原因是使特定现象或情境产生和持续的潜在因素。例如，成功解决问题，是基于找到和处理引发症状或症状群的原因。你识别引发特定的渴求状态或问题状态的原因，会决定你把精力放在哪里。

例如，如果你相信“过敏”是由外部的“过敏原”引起的，就会试图避开过敏原。如果你相信过敏是由身体内的组胺引起的，就会服用抗组胺药剂。如果你相信过敏是由压力引起的，就会试图缓解压力。

我们对因果关系的信念，反映在“因果”式的语言模式上。在这种模式里，两种经验或现象之间或明或暗地隐含着因果关系。就如复合等同所显示的，这种关系在深层结构上不一定准确有效。例如，“批评他，会让他尊重规则”这句话，其实并不能让听者清楚地了解批评的行为如何使个体更多地尊重规则。这样的行为其实很容易导致反效果。这种陈述遗漏了很多没有详细说明的重要连接。

当然，这并不是说所有的因果陈述都是错误的。有些很有效，但不是完全正确。有些则仅仅是在某些情境中有效。事实上，因果陈述是用不明确的动词构成的。其首要危险是，所定义的关系过于简单或机械。因为复杂的系统由多种相互作用的连接组成（例如人的神经系统），许多现象是多种原因共同作用的结果，而不是单一原因导致的。

此外，因果链中包含的每个因素，可能都有其自身的“间接能量”。也就是说，每一个都有自身的能量源，而不是以预定的方式作出反应。由于系统中的能量不是沿着固定、刻板的路线流动，这就使系统更复杂。葛利高里·贝特森指出，如果你踢一只球，那么通过计算踢球的角度、所用的力量、地面的摩擦力等，就可以相当准确地决定球会被踢到哪里。然而，如果你踢一只狗，即便是以同样的角度、用同样的力量、在同样的地形上，却很难预测结果，因为狗有它自己的“间接能量”。

与所探索或研究的特定现象、症状相比，自然界的原因较不明显、范围更广、更系统化。例如，利润或生产率下降，可能是下述因素作用的结果：竞争力、组织结构、领导力、市场变化、技术变革、沟通渠道或其他。

就我们对客观现实的信念来说，也是如此。我们无法真正看见、听见或感受到原子之间的交互作用，也不可能直接感知到地球引力或电磁力。我们仅仅能够认识和测量它们的结果。正如“引力”“电磁力”“原子”“因果”“能量”，甚至“时间”“空间”的概念，在某种意义上都是主观的概念，来自我们的想象（而非外部世界），以便我们给自己的感官体验分类和建立秩序。

阿尔伯特·爱因斯坦曾写道：

休姆[③]看得很清楚：某些概念，例如因果关系，无法从物质或经验中以逻辑方法演绎出来。所有概念，虽然是那些与体验最接近的，

③译者注：苏格兰历史学家和哲学家。

也都来自逻辑观点自由选择的习惯。

爱因斯坦所说的是，我们的感觉并不能实际感知到事物的原因，我们只能感知到一件事情发生之后，另一件事相继发生。例如，我们可能会这样感知事件的顺序，首先是“一个男人用斧子砍树”，而后是“树倒了下来”，或者“一个女人对小孩子说话”，而后“小孩子哭了”，或者“先是出现日蚀”，而后“第二天地震了”。根据爱因斯坦所说的，我们可以说“那个人使树倒了下来”“那个女人让那个孩子哭了”，或者“日蚀导致地震”，但是，我们看到的仅仅是事件的顺序——原因是一个自由选择的内在建构，我们认为适用于关系。例如，人们可以很容易地说：“是地球引力让树倒下的”“那个孩子的期待未被满足，所以他哭起来了”“地球内部的动力引发了地震”，这取决于我们选择怎样的参考框架。

爱因斯坦的观点是：我们在世界上使用的基本规则和世界运行的规则，在我们的经验中都看不到。就像他指出的：理论可以用亲身经验来检验，但仅仅从体验无法得出理论。

这个两难问题，对于心理学、神经学甚至可能是人们努力的所有领域，都有同样的影响。我们离决定及管理内心体验的那些真实的重要关系与规则越近，就会离直接感知到的事物越远。我们无法凭身体感觉到使我们产生某种行为与体验的基本原理和规则，我们只能感受到它们的效果。例如，当大脑试图认识它自己时，就一定会产生一些不可避免的盲点。

原因的类型

根据古希腊哲学家亚里士多德在其《分析学后编》(Posterior Analytics)中说的，在所有的调研和分析中，都要考虑四种基本的原因：(1)“先行的”“必要的”或“促成的”原因；(2)“限制性”或“直接生效的”原因；(3)“终极”原因；(4)“形式”原因。

1. 促成的原因

系统中，过去的事件、行动或决定，以线性的行动—反应关系，影响当前的状态。

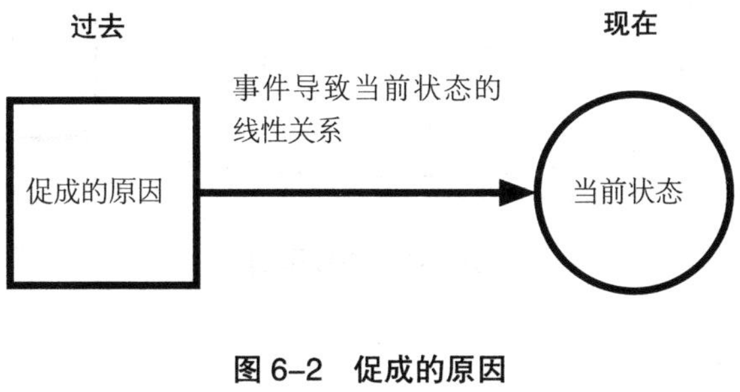

图 6–2　促成的原因

2. 限制性原因

呈现维持系统当前状态（无论那是如何形成的）的关系、前提假设和边界条件。

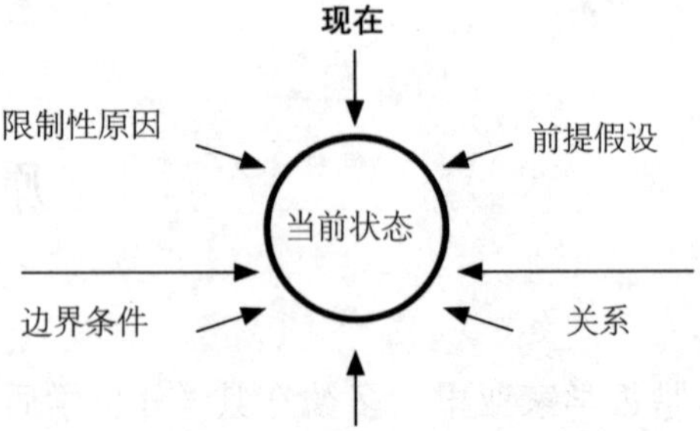

图 6-3　限制性原因

3. 终极原因

指导或影响系统当前状态的未来目的、目标和愿景，使当下的行动具有意义、关联或目标。

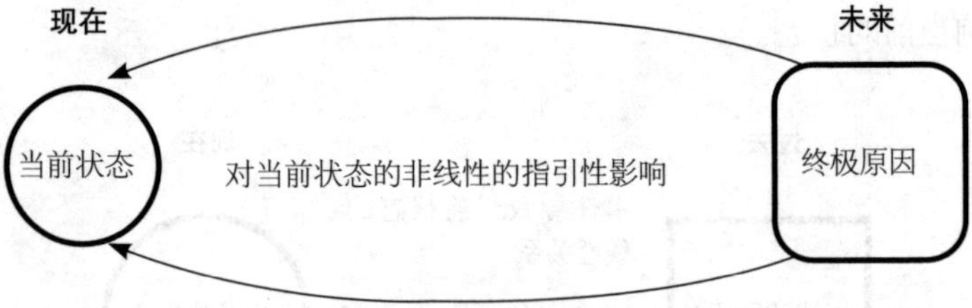

图 6-4　终极原因

4. 形式原因

对某些事物的基本定义和认知，即基本假设和心理地图。

寻找促成的原因，会令我们把问题或结果看作是由过去的某些事件或经验导致的。寻找限制性原因，会令我们把问题或结果看作是当前进行中的情境带来的。考虑终极原因，我们会认为是当事人的动机和意图导致了问题或结果。如果试图找到导致问题或结果形式的原因，我们则会把它运用于定义或假设情境。

显然，这些原因中的任何一个被认为是完整的解释，它本身都可能导致一幅不完整的画面。在现代科学理念中，我们主要是寻找机械原因，或者亚里士多德所说的“先行的”或“促成的”原因。在科学地研究某种现象时，我们容易仅仅看到产生它的线性因果链。例如，我们说，“宇宙是由数十亿年前的大爆炸产生的”，或者说，“艾滋病是由于一种病毒进入体内干扰了免疫系统造成的”，或者“这个组织很成功，因为它在某些时间做了某些事情”。这些理解都很重要、很有用，但未必能告诉我们产生现象的全部原因。

识别限制性原因则需要检视：是什么构成了某些现象的当前结构，无论它是怎样形成的。例如，为什么很多艾滋病病毒携带者没有显示出任何身体症状？如果宇宙在大爆炸后不断扩大，那么是什么决定了它扩大的速度？什么会使宇宙停止扩张？无论有怎样的历史，当前的哪些限制或缺失会使一个组织失败或突然倒闭？

寻求终极原因，涉及探索关于现象的其他本质的潜在目标或结果。例如，艾滋病仅仅是一种灾难、一个教训还是一个进化的历程？什么样的愿景和目标可以使组织成功？

要确定“宇宙”“成功的组织”或“艾滋病”的形式原因，需要检视我们对这些现象的基本假设和直觉。当我们在谈论“宇宙”或“成功”，谈论“组织”或“艾滋病”时，严格来说我们是在指什么？我们是怎样预设它们的结构和本质（这些是引领爱因斯坦重新表述时间、空间和宇宙结构的那种提问）的？

形式原因的影响

在很多方面，我们的语言、信念和世界观的作用，就像形式原因对现实的作用一样。形式原因与我们对某些现象或体验的基本定义有关。原因本身的概念就是一种形式原因。

形式原因就像其字面意思暗示的那样，更多与事物的“形式”而非内容有关。现象的形式原因是界定其本质特征。例如，人类的形式原因可以被说成是人类 DNA 编码的深层结构的关系。形式原因也与我们的语言和心灵地图密切关联，我们通过在那些语言和地图中概念化和标记自己的体验，来创造心理现实。

例如，我们把一个有鬃毛、有蹄子、有尾巴的四足动物青铜雕像称为“马”，因为它展现了我们与“马”这个词和概念有关的“形式”特征的形态。我们说“橡树种子长成一棵橡树”，因为我们把某种有树干、树枝和某类形状的叶子的事物界定为“橡树”。因此，挖掘形式原因，是回应术的一种主要机制。

实际上，形式原因更多地说明了感知者，而不是被感知的现象。识别形式原因是要发现我们对于一个主题的基本假设和心灵地图。当毕加索这样的艺术家把自行车的手把和车座放在一起，做成“公牛”的头时，他就是在用形式原因，因为他在处理一些形式的本质元素。

这种原因与亚里士多德所说的“直觉”有关。在我们开始研究“成功”“一致性”或“领导力”之前，我们得先有想法：这些东西可能存在。例如，要识别出“高效能的领导者”供大家模仿，暗示着我们有种直觉：这些个体就是我们正在找的范例。

例如，要找出问题或结果的形式原因，需要检视我们对于这个问题或结果的基本定义、假设和直觉。识别“领导力”“成功组织”或“一致性”的形式原因，要检视我们对这些现象的基本假设和直觉。在谈论“领导力”或“成功”、“组织”或“一致性”的时候，严格来说我们是在指什么？我们是如何预设它们的结构和“本质”的？

形式原因的影响有一个很好的例子，是研究者想要访谈从晚期癌症患者中病情“好转”的人，以便找出疗愈过程中的潜在模式。研究者要获得当地政府的许可，方能从整个地区的医疗记录中心获得资料。然而，当他向电脑操作员索要当前病情“好转”患者的名录时，电脑操作员却说不能给他提供这些信息。他解释说，他已经得到了授权，但电脑操作员说那不是问题所在，问题是电脑里没有“好转”这一分类。他询问，能否给出十到十二年前所有被诊断为晚期癌症的人的名单，电脑操作员说“可以”。他又问能否给出在那个时段所有死于癌症的人的名单，回答是“当然可以”。而后他检查名单是否一样。结果显示有数百人诊断为癌症晚期，但仍然活着。在排除掉那些搬迁到其他地方或者死于其他原因的人之后，研究者得到了两百余名“好转”者的名单，由于没有这一分类，医疗记录中忽略了他们。因为这个人群没有形式原因，对于中心的电脑来说他们便不存在。

对“好转”现象感兴趣的另一群研究者经历了类似的事情。这群研究者采访了医生，想找出那些绝症患者的名单和病史。然而医生坚持说他们没有这样的病人。刚开始，研究者担心也许出现“好转”的概率比他们设想的要低得多。某一刻，一个研究者决定询问医生有无“明显康复”而不是“好转”的病人。医生立刻回答：“是的，我们有很多这样的病人。”

有时，形式原因是最难识别的原因类型，因为它们成了我们所做的无意识假设和前提的一部分，就像鱼游于水一样。

回应术与信念结构

概括而言，复合等同与因果陈述，是我们的信念和信念系统的主要构成部分。它们是我们选择自己行动的基础。像“如果 X=Y，那么 Z 怎么办”这样的陈述，包括了基于对等同的认识的因果行为。最终，是这些结构决定了我们如何具体运用我们所知道的。

依据回应术和 NLP 的原理，要让像价值观（较为抽象和主观）这样的深层结构，以具体行为的方式落实到实实在在的环境中，它们需要通过信念与更详细的认知过程和能力联系起来。在某些层面上，亚里士多德的每一种原因都需要被确定。

这样，信念就是下述问题的答案：

1.“详细来说，你如何界定自己的价值观的性质或本体？”“它跟哪些其他性质、准则和价值观有关？”（形式原因）

2.“什么导致或创造了这种性质？”（促成原因）

3.“这种价值观会带来什么后果或结果？”“它会导致什么？”（终极原因）

4.“详细来说，你怎样知道某种行为或经验符合特定的准则或价值观？”“哪些具体的行为和体验会与这种准则或价值观相伴随？”（限制性原因）

例如，有人可能把“成功”定义为“成就”或“自我满足”。他

/她可能相信“成功”来自“做到最好”，成功会带来“安全”和“被他人认可”。当“胸腹部”有“某种感觉”时，他/她会知道自己成功了。

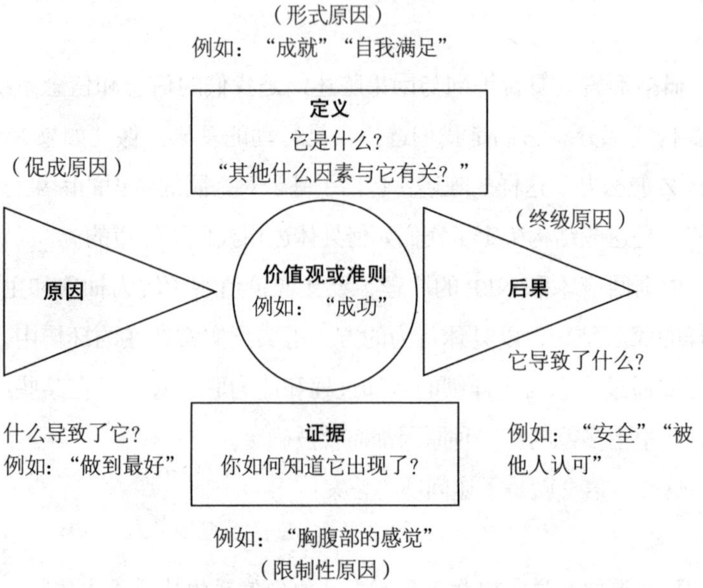

图 6–5　信念将价值观与我们经验的各方面相连

要让特定的价值观变得可操作，就需要整个信念系统都要在一定程度上被明确。例如，要想将像“专业性”这种价值观变为行动，需要建立信念：什么是“专业性”（专业性的“准则”）？你如何知道做到了具有专业性（关键等同性）？什么导致了它？它又会导致什么？在决定人们如何行动上，这些信念与价值观同样重要。

比如说，两个人可能同样有“安全”这种价值观。然而，一个人可能相信“比敌人更强大”会带来安全；另一个人则相信“理解和回应威胁我们的人的正面意图”会带来安全。这两个人会用完全不同的方式寻求安全。他们的方法甚至可能相互矛盾。第一个人会树立力量来寻求安全（拥有比他/她认为是“敌人”的人更大的威力）；另一个人则会与他人沟通、收集信息、寻找其他选择来寻求安全。

显然，个体关于其核心价值观的信念，会决定这些价值观的心灵地图，以及他/她如何证明其价值观。要充分传授和建立价值观，所有这些信念议题都需要被适当地确立。对于在同一个系统中根据核心价值观一致行动的人来说，他们必须在某种程度上像共享价值观一样共享一些信念。

回应术模式可以被看作是这样的语言操作：它转换或换框了组成信念和信念系统的复合等同以及因果关系的各种元素和连接。所有回应术模式都围绕着如何使用语言，以便将经验和世界观的不同方面与核心价值观相连。

在回应术模式中，一个完整的信念陈述至少应当包含一个复合等同或因果论断。例如，“人们不关心我”这样一句话，还不是完整的信念陈述。这是与价值观“关心”有关的一个归纳总结，但并没有显示与这种归纳总结有关的信念。要引出与总结有关的信念，需要提问：“你怎样知道人们不关心你”“什么使他们不关心你”“人们不关心你的后果是什么”，以及“人们不关心你意味着什么”。

这些信念经常由连接词引出来，比如“因为”“只要”“如果”“之后”“因此”等。即：“人们不关心我，因为……”“人们不关心我，如果……”“人们不关心我，因此……”

再次强调，按照 NLP 的观点，问题的关键不在于是否找到了正确的因果信念，而是如果一个人表现得“就像”存在某种等同或因果关系，会出现何种现实结果。

价值观审视

信念的目的是在我们不了解现实的领域给我们以指引。这是信念会对我们的认识和未来愿景有如此深刻的影响的原因所在。要达到目标，实现我们的价值观，我们必须相信某些事情可能发生，虽然我们对此并不确定。

价值观审视是一种工具，它运用语言连接，来界定和建立关系到确立与操作核心价值观的关键信念。价值观审视的过程用语言提示和关键词帮你确定，你已经充分探索了把价值观转化为行动所需的信念支持系统。

我们基于认知地图、参考经验、相关支持和可用的工具来建立和强化我们的信念。这些构成了我们一下子就相信某些东西的“理由”。为了支持我们关于价值观与目标的信念，或者影响他人的信念，我们必须识别出人们为何应当相信那些价值和目标的“好的理由”。我们相信促使我们做某件事的理由越多，我们就越有可能相信它。这需要为一些重要的“为什么”式问题找到和提供答案，例如：

1.某些东西令人渴望吗？它为什么令人渴望？

2.有可能实现它吗？为什么有可能？

3.要实现它，需要遵循什么途径？为什么它是合适的途径？

4.我（我们）能够走完这条路吗？为什么我（我们）能够做到？

5. 我（我们）值得完成它吗？为什么我（我们）值得这样做？

按照亚里士多德的说法，回答这类问题要找出与各种议题有关的潜在原因。换句话说，我们要发现：

1. 什么使它令人渴望？
2. 什么使它有可能？
3. 什么使这种途径合适？
4. 什么使我（我们）有能力？
5. 什么使我（我们）值得这样做？

在语言上，亚里士多德的各种不同的原因类型反映了某些关键词，即我们所说的“连接词”。连接词是一些词语或短语，它将一种想法与另一中想法相连，例如：

因为	在……之前	在……之后
当……时候	只要	所以
同样地	如果	虽然
因此		

我们通过这些连接词，把想法连接在一起，把价值观和经验连接在一起。例如，如果我们想做“学习很重要”的价值陈述，并用“因为”连接，我们就可以识别得出这个结论的一些原因。比如我们可能说“学习很重要，因为它可以帮助我们生存和发展”。在这个例子中，一个重要的连接把后果（或“终极原因”）与学习相连。

不同的连接词可作为工具，来探索或审视与某种价值观或准则相关的各种原因。一个简单的方法是选择一个价值观，通过每个连接词系统地找出相关的支持性联想或假设。

例如，如果有人想要强化他/她对“健康”这种价值的信念和承诺，这个过程会开始于对这个价值的陈述：“健康很重要并令人渴望。”一直保持这个价值陈述，个体就会通过各种连接词探求所有的支持理由。

在这个例子中，有一点很重要，开始陈述每一个新句子时，连接词后都要紧跟“我”这个字。这有助于确保个人在体验中保持联系，避免仅仅“合理化”。这样，可以用下述方式创造出一系列新陈述：

健康很重要并令人渴望，

因为我________________________________

健康很重要并令人渴望，

因此我________________________________

健康很重要并令人渴望，

只要我________________________________

健康很重要并令人渴望，

所以我________________________________

健康很重要并令人渴望，

★虽然我________________________________

健康很重要并令人渴望，

如果我________________________________

健康很重要并令人渴望，

同样的，我______________________________

人们完成这些句子的一个范例可以是：

健康很重要并令人渴望，因为我需要力量和能量来生存和创造。

健康很重要并令人渴望，因此我要开始用合适的方式照顾自己。

健康很重要并令人渴望，只要我想为未来做准备。

健康很重要并令人渴望，所以我可以很欣赏自己并为他人做个好榜样。

健康很重要并令人渴望，如果我想要快乐并有生产力。

健康很重要并令人渴望，*虽然我还有其他需要完成的目标和责任。

健康很重要并令人渴望，同样的，我也需要实现梦想的必需基础和资源。

完成这些新句子之后，去掉除了“虽然”之外的连接词，通读每一句话会很有趣（保留“虽然”这个词很重要，否则有些回应会显得很负面）。对于能解释你所选定的核心价值观的那些理由，这一系列回应可以形成惊人的一致且有价值的陈述：

健康很重要并令人渴望。我需要力量和能量来生存和创造。我要开始用合适的方式照顾自己。我想为未来做准备。我可以很欣赏自己并为他人做个好榜样。我想要快乐并有生产力。虽然我还有其他需要完成的目标和责任。我也需要实现梦想的必需基础和资源。

你可以看到，这创立了一套连贯的想法和主张，有助于强化人们对健康这个价值的承诺和信念。这段话界定了表达价值观的方式的各个元素，提供了动机，甚至确定了可能的目标。由于这组陈述识别了多个理由（或原因），并将它们转化为语言表述了出来，这成为正面肯定的有力来源。它做出了全面的解释来证明对价值观的承诺，也提供了检验疑问的丰富的理念来源。

按照下列步骤，参考价值观审视工作表，就你自己的一个价值观来尝试这个过程：

1. 找出一个对你来说很重要、想要建立或强化的核心价值观，在下面练习中“价值观”后的空白处，写下你要强化的价值，来完成价值陈述。

2. 对每个“提示”词，请阅读你的价值陈述，添加提示词，并在脑海中完成“自发”出现的句子。

3. 完成之后，通读你的全部答案，注意什么东西改变了，什么被加强了。

价值观审视工作表

价值观：____________很重要并令人渴求。

什么是对你很重要并想要建立或强化的核心价值观？

因为我____

它为什么令人渴求并适于作为价值观？

因此我____

具有这个价值观的行为，其后果是什么？

只要我____

关于这个价值观的关键情境或条件是什么？

所以我____

这个价值观的正面目标是什么？

★虽然我______________________________________

关于这个价值观有什么选择或限制？

如果我____

关于这个价值观有何限制或结果？

同样的，我____

你有什么类似的价值观呢？

完成每个句子之后，去掉连接词，以“我”开头通读它们（“虽然”这个词要保留；留下“虽然”很重要，否则有些回应会显得很负面）。

信念审视

通过建立“关于信念的信念”，使用语言连接词的审视的过程，也可以用来强化其他信念。这可以用作对特定信念建立信心的附加证明和支持。

举例来说，有人怀疑他 / 她是否值得变得健康和有吸引力。运用信念审视这个过程，会重复这种信念，并在末尾处加上不同的连接词。填写连接词处的空白，可以把这种信念与其他信念连接起来，对可能的冲突做换框。

尝试使用下述程序。

信念审视程序

1. 识别出一种信念：为了实现渴求的结果，你需要它，但还对它有些怀疑（参考第五章的信念评估表）。在下面“信念”后面的空白处写下你想强化的这种信念。

2. 按照下面的每个提示词，重复表达信念的句子，而后加上连接词，在脑海中完成“自发”涌现的句子。

3. 完成之后，通读所有答案，注意什么改变了，什么被加强了。

信念：____

因为我 / 你 ____________________________________

为什么它（你）令人渴求 / 有可能 / 适合（有能力 / 值得 / 有责

任）实现这个结果？

因此我／你 ____________________

这种信念的影响或要求是什么？

在我／你……之后 ____________________

发生什么会支持这种信念？

当我／你……的时候 ____________________

其他什么与这种信念同时发生？

只要我／你 ____________________

关于信念的关键情境是什么？

所以我／你 ____________________

这种信念的意图是什么？

如果我／你 ____________________

关于信念的限制或结果是什么？

*虽然我／你 ____________________

这种信念的替代或限制条件是什么？

同样地，我／你 ____________________

你具有的类似信念是什么？

针对自己的信念，尝试这个过程时，你会发现回应某些提示词，会比回应其他的要容易。你也可能会发现，用不同于上述的顺序来回应它们，会更容易或更适宜。当然，你也可以用你或你们觉得更自然、更舒服的顺序陈述上面的句子，有些地方空着也没关系。然而你会发现，那些看起来最难陈述的连接词，会引出最令人惊讶、最有洞见的答案。

从不同的观点审视信念

有时候，按照你自己的观点来审视信念，会很难或没有效果。事实上，之所以产生怀疑，常常是因为我们卡在了自己的观点里，看不到其他选择。

另一种使用信念审视表的方法是按照他人或“老师”的观点来考虑愿景与信念。这会打开新的“认识空间”，帮助你把无意识的阻碍转化为创造力。它也有助于你找出无意识或不必要的假设。

这种信念审视可用于找出一个对于你所怀疑的信念有着充分信心的真实或虚构的人。而后，你或同伴可以进入这个人的角色，扮演他或她对各种提示的反应。为了便于角色扮演，在刚开始回应连接词时，你可能想用“你”这个字来代替“我”。

为了测试其他观点对你的信心水平的影响，你可以用“我”代替“你”，再次重复刚才按照其他观点所做的回应。让另一个人诵读你最开始的回应会很有帮助，这样你可以理解按照两种观点所做的陈述。

例如，如果角色扮演产生的陈述是：“你值得变得健康和有吸引力，因为你是大自然的宝贵产物。”你可以用第一人称重复这个回应。也就是说，你可以说：“我值得变得健康和有吸引力，因为我是大自然的宝贵产物。”

用反例重新评估限制性信念

价值观审视和信念审视都运用了 NLP 和回应术的原理，以帮助我们对我们的目标、价值观、能力和我们自己更开放、更信任。这些是简单而有力的过程，能帮我们建立新的鼓舞性信念。

然而，有时我们会被限制性信念干扰。同样重要的是，要有工具帮助我们对那些限制我们的概括或判断持怀疑态度。像明确意图、向下分类、向上归类、找出比喻、识别较高层次准则这样的过程，提供了一些方法来软化限制性信念和对其进行换框。另一种处理信念结构的有力模式是识别信念的“反例”。

反例是一个例子、一种经验或一些信息，它不符合对世界的某些总结。本质上，反例是不符合规则的例外。例如，有人说：“所有马赛人都是偷牛贼。”这是对一群人做了总结陈述。要想挑战这个表述，我们只要找出任何不符合这个总结的例子就行——也许某一时刻某个马赛人把丢失的牛还给了失主。

对评估和挑战潜在限制性信念来说，找出反例是简单而强有力的方式，它也会深化我们对其他信念的理解。反例不需要证明信念陈述的错误之处，但它们确实挑战了信念的“普遍性”，并且常常把信念置于更宽广的视野（例如在第四章中，我们用反例来识别准则层次）。像前面提到过的，信念和批评之所以变得有限制性，是因为它们被说成是“世界通用的”，它的典型用语是“所有”“每个”“总是”“从不”“没有什么”“没有人”等。一个人说“我没有成功，是因为我缺少必备的经验”，跟说“我永远不会成功，因为我缺少必备的经验”是不一样的。同样的，“我病了，因为我得了癌症”和“我会永远病恹恹的，因为我得了癌症”所含的暗示和预期也完全不同。将信念陈述为普世的、通用的，会对我们的期待和动机产生更大的影响。

当然，真正的普世、通用的信念，我们会发现其没有反例。就回应术而言，创立反例就是找出一个例子，它不符合构成信念或信念系统的因果陈述或复合等同，这会改变和丰富我们对于归纳总结或判断论断的认识。所以，如果有人说“所有员工都不相信他们的老板”，那么我们会寻找相信老板的员工，我们也会找出是否有不被员工以外的人信任的老板。

顺便说一下，寻找反例，并不意味着一种信念是“错的”，它仅仅是说明所探索研究的系统或现象比之前以为的更复杂，或者有一些更基本的元素尚未发现。这可以打开其他的潜在观点或可能性。

正如我们已经做过的，信念陈述的结构常常是下述两种形式之一：

A 意味着 B（复合等同）：例如，皱眉意味着你不高兴。

或者

C 引起 D（因果）：例如，过敏原引起过敏。

要寻找反例，我们首先要问：

没有 B 的情况下，A 发生过吗？

例如：人们有没有在快乐时皱过眉？

或者

是否有 C 存在，但没有引起 D 的情况？

例如：人们在过敏原周围，却没有过敏吗？

你也可以倒转或“转换”它们，问：

没有A的情况下，B发生过吗？

例如：人们有过不快乐，但没有皱眉的时候吗？

或者

是否存在并非由C引起D的情况？

例如：有人会在没有过敏原的时候有过敏反应吗？

寻找反例常常让我们对正在考虑的现象有更深的理解，也能帮助我们丰富关于实景的地图。通常，某些归纳总结在表面上看有其正确性（就像皱眉与不快乐或者过敏原与过敏的关系），但它们所指的深层过程实际上要复杂得多。

记住这一点，由于信念与深层的神经系统相连，找出反例改变信念，通常会有立竿见影的效果。例如，找出反例是NLP过敏技术（包括找出与过敏原尽可能相似，但不会引发过敏反应的东西）的核心。

引起限制性信念陈述的语言框架

为了练习找出限制性信念的反例，你首先需要一些限制性信念的例子。我们可以用类似价值观审视和信念审视中所用的连接词，来产生限制性信念陈述。

像所有信念和对信念的陈述一样，限制性信念也采用“因果”和“复合等同”的陈述方式。也就是说，我们相信某些事物是另一些事物的结果或后果，或者某些事物证明了或意味着另一些事物。下述提示用这些形式探索和引发了关于无望感、无助感和无价值感的各种限制性信念。就你生活中陷入“僵局”的情境和领域，完成下述句子。这有助于我们发现重要的限制性信念。而后用本书中所探讨的各种回应术模式来确认。

如果我得到我想要的，那么________________________。

如果你得到你想要的，你会失去什么？或者发生了什么不好的事情？

我得到我想要的，意味着________________________。

如果你得到你想要的，对你和他人来说意味着什么负面的东西吗？

________________________________使事情停留在现在的样子。

什么阻碍了事情的改变？

我得到我想要的，会使____________________。

如果你得到你想要的，会发生什么问题？

情况永远不会改变，因为____________________。

哪些限制或障碍使事态是现在的样子？

我无法得到我想要的，因为____________________。

什么阻碍你得到你想要的？

我不可能得到我想要的，因为____________________。

什么使你不可能得到你想要的？

我没有能力得到我想要的，因为____________________。

哪些个人缺陷阻碍你得到你想要的？

事情永远不会好转，因为____________________。

什么因素一直阻碍你真正获得成功？

我总是有这个问题，因为____________________。

什么东西一直无法改变，阻碍你实现目标？

想要有所不同是错的，因为____________________。

为什么想要改变是错误的或不合适的？

我不值得拥有我想要的，因为____________________。

你做过什么或没做什么，使你不值得拥有你想要的？

产生反例

选择一种信念（复合等同或因果论断），将它写在下面的空白处。

（A）________________________因为（B）________________________

例：（A）我没有能力学会操作电脑，因为（B）我不是有科技取向的人。

找出反例 1，寻找这样的例子——有 A 存在，但没有 B；即并非有科技取向的人学会了操作电脑。

你也可以这样识别反例 2，寻找这样的例子——存在 B，但没有 A；即有科技取向的人没有学会操作电脑。

这里还有一些其他例子：

我永远不会在学术上成功，因为我有学习障碍。

1. 是否存在并无学习障碍的人，没有在学术上获得成功？（即人们并没有从得到的机会中获益）

2. 是否存在有学习障碍的人（比如爱因斯坦）在学术方面获得成功的例子？

我不值得得到我想要的，因为我没有付出足够的努力。

1. 你能否想到一些虽然他们付出了很多努力，但他们不值得得

到他们想要的例子？（例如，在犯罪行为上做了很多努力的小偷、杀人犯）

2. 你能否想到一些没有做任何努力（比如新生儿），但仍然值得拥有他们想要的例子？

你可以在自己的生活经验或者他人的成就和功业中寻找反例。他人的行动或成就通常能说服我们，有些事有可能，有些事是值得的。来自自身生活经验的反例则说服我们，我们自己有能力，值得拥有。

哪怕找到一个人，他完成了被认为不可能的事情，这也会建立我们的希望感和“结果”预期，强化我们有可能实现一些事情的信心。从我们自己的生活经验中找到反例则更进一步，不仅仅能强化我们有可能实现一些事情的信心，更能强化我们在某种程度上已经有能力实现它的信心，也就是说，加强了我们的“自我效能”预期。

一旦找到有意义的反例，就可以将它呈现给正挣扎于限制性信念的人。记住，找到反例的目标及回应术的总体目标，不是攻击或贬低某人具有限制性信念，而是帮他/她拓宽或丰富自己的世界观，从“问题”框架或“失败”框架，转向“结果”框架或“反馈”框架。

举例来说，如果孩子说：“我学不会骑自行车，我总是摔下来。”父母可以回应：“刚才你差不多有十英尺保持了平衡，你没有一直失败。练习下去，你就能保持更长久的平衡。”这个反例来自向下分类孩子的经历，并缩小框架的尺寸，聚焦于成功时刻。因为它来自孩子自己的行为，这有助于加强孩子对自身能力发展的信念。这会支持孩子变得开始接受自己真的能够学会保持平衡。

父母也可以这样说：“记得你哥哥刚开始学骑车的时候是怎么老

摔下来的吗？现在他骑车一点都不费力。摔下来仅仅是学习的一部分。”在这个例子中，反例来自向上归类，它扩大了框架，指出了他人的成就。这有助于建立孩子的信心或“结果”预期，即哪怕摔过很多次，也有可能学会骑车。这能帮助孩子开始质疑这种信念：摔倒就意味着学习彻底失败。

两个反例都能帮助把这个限制性总结——“我学不会骑自行车，我总是摔下来”——从“失败”框架转为“反馈”框架。

第七章

内在状态与自然发生的信念改变

信念改变的自然过程

至今为止我们探讨过的所有回应术模式，其目的是支持我们更加信任我们的目标、价值观、能力和我们自己。这也帮助我们对负面的归纳总结换框，激发我们开始质疑那些限制自己的评估与判断。回应术模式是简单而有效的语言结构，能帮助我们建立新的鼓舞性信念，改变限制性信念。它们是谈笑间改变信念的强有力工具。

人们常常以为改变信念的过程艰难且费力，伴随着许多挣扎和冲突。事实上，人在一生中会自然而然地建立或放弃没有上千也有上百种信念。困难可能在于，当我们有意识地尝试改变信念时，我们没有尊重信念改变的自然循环。我们试图通过“压制”信念来证明它们错了，并攻击它们来改变信念。如果我们尊重并遵循信念改变的自然过程，改变信念会惊人地简单和容易。

我花了很多时间研究和模仿信念改变的自然过程。过去二十多年中，我跟很多人一对一地或者在研讨会上工作过，见证了当人们能够放下旧的限制性信念并建立新的鼓舞性信念时，带来的奇迹般的效果。这个转化可以是快速的，同时也是柔和的。

我也看到我的两个孩子（写此书时他们一个10岁，一个8岁）在短短几年中改变了许许多多限制性信念，建立起了更具鼓舞性的信念。更重要的是，他们可能没有借助心理或药物治疗就做到了（尽管在回应术中的一些指导中获得了帮助）。那些限制性信念涵盖了很多主题和活动，包括：

我永远学不会骑自行车。

我不擅长学数学。

我无法忍受这种痛。

学滑雪对我来说太难了。

学弹钢琴（或弹这首曲子）既困难又乏味。

我不是个好投篮手。

我自己没法学会荡秋千。

在他们生活的某个时刻，我的孩子确实说了类似这样的话。他们对自己所说的话的相信程度，威胁了他们尝试去获得成功的动机。当这样的信念走向极端时，人们会放弃，甚至在余生中无法再尝试开展这些活动，享受这些活动。

我的孩子改变信念的过程是一个自然的循环，其间他们变得越来越开始质疑限制性信念，越来越开始接受自己一定会成功。这引领我形成了我称为信念改变循环的想法（见《天才的策略》第 3 卷，1995 年）。

信念改变循环

信念改变的自然循环就像季节的变换一样。新的信念就像春天播下的一粒种子，在夏天生长、成熟、强壮和扎根。在生长的过程中，种子时时要与花园里已有的其他植物或野草争夺生存空间。要想好好活下来，新的种子需要园丁的帮助，给它施肥和除草。

信念就像秋天的庄稼一样，最终完成使命，服务于它的目标，并渐渐过时、枯萎。然而，信念的成果（背后的正面意图和目标）会保留或有所收获，并与那些不再需要的部分分隔开来。终于，冬天来了，信念中不再需要的部分被放下并凋零，使这样的循环周而复始。

我们在自己的生活或职业生涯中为新阶段做准备时，会很多次重复这个循环：（a）我们开始"想要相信"我们能够成功而机智地应对新挑战。当我们进入生活的新阶段，学习应对挑战所需的东西时，我们（b）"开始接受"我们真的有能力做得成功而机智。确信自己的能力之后，我们（c）便对这种"信念"有了信心——我们是成功而机智的，现在所做的事情对我们很合适。

有时新的信念与已有的限制性信念有冲突，这会妨碍我们试图建立新总结和判断。通常，这些干扰性信念是我们过去某个时候用来保护自己的归纳总结，为我们生命中那个时候的安全或生存建立了所需的限制和优先权。当我们认识到已经过了这个生活或工作的阶段后，我们转而（d）"开始质疑"那个阶段的相关界限和决定，对我们来说是否真的仍然那么重要而需优先考虑，或者是否是真实的。

当我们能够转向生活或职业生涯的下一个阶段时，我们回顾过去，会看到曾经重要而真实的东西已时过境迁。我们认识到我们（e）"曾经相信"自己以某种方式行事，某些东西很重要。我们仍然可以保留对现在有益的信念和能力，但我们意识到，我们的价值观、优先事项和信念已经不同了。

人们需要做的仅仅是反省从孩提时代、青春期到成年期改变的循环，找出这个循环的多个例子。当我们进入或离开我们的关系、工作、友谊、合作后，我们会产生适合自己的信念和价值观，当我们转向生命旅途中新的部分时，便会放下它们。

这个循环的基本步骤包括：

1. 想要相信

"想要相信"跟我们建立新信念的预期和动机有关。我们"想要相信"某些事物，通常是因为我们认为新信念会在生活中产生积极的后果。"想要相信"也表明，承认我们还没有"相信"它——新信念还没有经过"现实检验策略"或关键等同性的认可，我们需要"现实检验策略"或关键等同性来了解自己已经充分进入当前的世界观。

2. 开始接受

变得"开始接受"是激动人心、富有创意的体验，经常伴随着自由感和探索感。当我们"开始接受"时，我们还没有完全信服信念的正确性。事实上我们还在收集和衡量能支持这种信念的证据。开始接受是完全沉浸在"结果"框架、"反馈"框架和"就像"框架中。我们知道自己还没有完全相信它，但又想："或许是可能的""可以是这样""如果我相信了这种信念，我的生活会怎样""我要看到、听到、感受到什么，可以信服这个新信念是正确而有益的”。

3. 当下相信

我们“当下相信”的这些总结，组成了动态的信念系统。当我们相信某些事物时（无论是正面的或负面的，还是鼓舞性的或限制性的），我们完全认可这种信念就是当下的“现实”。我们表里如一地表现得“就像”这种信念是真的。正是在这一点上，信念开始呈现出与相信某事物相关的“自我实现”的特性（就像“安慰剂效应”一样）。当我们完全相信某些东西时，大脑中便没有丝毫的疑问或质疑。

通常，在我们刚开始接受新信念时，它会与已有的信念相冲突。一个想要相信“我能骑自行车”的孩子，一定经常跟相反的想法做斗争，后者来自以往多次尝试时摔倒的经验。同样的，一个孩子想要相信“自己过马路是安全的”，也会首先放下父母以前为他建立的信念：“如果没有大人在旁边，你不能自己过马路。”

在我们开始认真考虑相信一些新的、不同的事物时，产生这样的信念冲突很寻常。这样，尝试完全接受新信念，常常会触发或者引起冲突与抗拒。这种冲突和抗拒来自那些已经建立、已经成为我们信念系统一部分的信念。

4. 开始质疑

为了重新评估和放下那些干扰新信念建立的既有信念，需要我们“开始质疑”已有的信念。开始质疑的经历与开始接受互补。当“开始质疑”时，我们是在考虑某些已经不再需要的保持了很长时间的信念，而不是考虑新的信念或许是真的。

我们会想：“可能这个不对，或不再正确了。”“也许相信它不那么重要和必要。”“我以前改变过关于其他东西的信念。”“什么反例可以证明这个旧的信念有问题？”“如果从更宽广的视野看待它，会察觉哪些新的可能性？”“这种信念的正面目标是什么？是否有其他方式可以实现这个正面意图，而这种正面意图的限制更少、更丰富？”

开始质疑是对已形成的来自“问题”框架或“失败”框架的信念换框，将其置于“结果”框架或“反馈”框架。回应术模式提供了有力的工具，帮我们对已有的干扰信念换框和开始质疑。

5.“个人历史博物馆”——记住我们“曾经”相信的

当我们不再相信某事时，通常不会忘记那个信念，也不会忘记我们“曾经”相信它。事实上，我们内在信念的变化过程会带来剧烈的情绪和心理影响。我们记得自己“曾经”相信它，但也知道它不再对我们的思想和行为有意义——或者说不再符合我们的“现实”准则。

在真的改变一种信念时，我们无须费力去否认或压制它。我们跟它的关系更像是在博物馆里看历史遗产的体验。在博物馆里看玻璃橱窗中中世纪的武器和刑具时，我们会好奇、沉思，而不是害怕、愤怒或厌恶。我们知道人们用过那些武器，但现在我们已经超越了这一点。其实，记住祖先的错误和限制性信念十分重要，这样我们才不会重复同样的错误。

对于放弃的信念，我们也会有类似的体验。我们知道自己“曾经”相信它，但现在不再信了。关于圣诞老人的信念就是这样一个的典型例子。许多成年人（处于庆祝圣诞节的文化背景下）记得，儿时他们相信“圣诞老人”住在北极，会在圣诞夜从空中乘着雪橇，为全世界的孩子带来礼物。当一个人不再相信圣诞老人时，他 / 她并不需要愤怒或激烈地否认有过这个幻想的人物。他要做的仅仅是怀旧似的回顾往事，记得那个信念创造出了魔幻感和兴奋感的正面意图。

同样的，我们也可以这样回忆其他已经放下的信念。我们可以记得它们并且想："我曾经相信我（不能骑车，不能自己过马路，没法建立健康的行为模式，不值得成功，等等），但我不再相信了。这不再是我的现实。我有其他方式来满足旧有信念的正面意图和目标。"

6. 信赖

在很多方面，信赖都是改变信念这种自然的过程的基石。《韦氏词典》将"信赖"定义为"对某人或某物的特征、能力、力量或真实等，确信不疑"。那么，信赖就是对"某事将要发生或者可能发生的"信心或信念。例如，人们信赖一个人会"言而有信"，或者"事情会往最好的方向发展"。

从情绪的角度讲，信赖与希望有关。希望是我们的信念作用的结果：某些东西是可能的。抱有自己能从重病中康复的希望的人，一定相信这样的康复是可能的。然而，信赖感常常比希望更强大。它与某事将会发生的预期有关，而不仅仅是相信那会发生。

其实，信赖常常是我们缺乏依据时需要依靠的东西。在这个意义上讲，信赖超越了信念。在信念改变的自然循环中，这样一种状态代表着信赖：允许我们超越信念，朝着形成信念的状态前行。

信赖某事的体验超越了我们的信念，或者相信更大的系统胜过相信自己，这有助于让信念改变的过程更顺畅、舒适，在整体上更加平衡。

回应术模式作为语言工具，在有效使用时，可以支持信念改变的自然循环，引导人们开始接受新的鼓舞性信念，并开始质疑限制他们的信念和总结。

信念改变与内在状态

就如信念自然改变过程的步骤所证实的，我们内在的状态对信念改变有重大的影响。在很多方面，我们内在的状态是信念的容器。如果一个人处在积极乐观的状态中，就很难持有负面的限制性信念。另一方面，如果内在的状态是有挫败感、失望、恐惧，也很难跟积极的鼓舞性信念保持一致。

一个人内在的状态与某时某刻的心理和情感体验有关。内在状态决定了我们对很多行为和反应的选择。内在状态既是过滤我们持有的观点的机制，又是通往特定记忆、能力和信念的大门。这样，一个人的状态对他 / 她当前的世界观影响极大。

有一个适应这种说法的古老的新几内亚谚语说道："知识在被使用之前仅仅是传闻。"信念（正面的或负面的）也仅仅是"传闻"，直到它能够"被使用"。也就是说，在我们通过身体、感觉、情感体验到其能够与我们的信念或价值观相容之前，它只不过是不相干的概念、词语或想法。只有信念和价值观与我们的身体和内在状态相联结，才能获得力量。

同样的，我们变化不定的身心、情绪状态，对我们倾向采用的信念类型有很大的影响。例如，考虑下述状态对你的经验的影响：

积极的内在状态	消极的内在状态
冷静	难过
放松	紧张
弹性	刻板
顺畅	僵化
专心	焦虑
信心	挫败
乐观	疑心
专注	分心
接纳	封闭
信任	恐惧

你从自己的生活经验中很容易发现，我们在积极的内在状态下，比在消极的内在状态下更容易联想到——并“开始接受”——鼓舞性的正面信念。

NLP 的一个基本前提是，人类大脑的功能与计算机类似——执行有序的指令或内在表象组成的“程序”或内在策略。某些程序或策略会在完成特定任务时功能更优，个体采用的策略会在很大程度上决定他的表现是普通的还是优秀的。执行特定心理程序的效能和容易程度，在很大程度上由个体的心理状态决定。显然，如果一台计算机的芯片坏了或电源连接不好，程序肯定没法有效运行。

对人脑来说也是一样。个体的觉醒水平、接受能力、压力承受能力等，会决定他/她运行心理程序的效能。人的深层的生理过程，如心率、呼吸频率、身体姿势、血压、肌电、皮电反应等，都会随着其内在状态的变化而变化，并极大地影响其思维和行动能力。这样一来，个体内在的状态对其在任何情境中的表现力影响深远。

我们内在的状态与身心语言程序学的“身心”部分有关。这些身心状态犹如过滤器，决定着我们注意什么、听到（和听不到）什么，以及如何解释我们所听到的。

认识、反映和影响人们内在的状态，是有效使用回应术的重要技能。

识别和影响内在状态

当我们在不同的体验和生活情境之间不停地切换时，我们也在不断地改变和进入不同的状态。对多数人来说，状态的改变是我们无力选择的。我们仅仅是在回应外界和内在的刺激（“心锚”），就像我们正在“自动驾驶”。

然而，学会选择自己的状态是有可能的。这能够影响和指引我们的状态，可以增加我们的灵活性，创造更多的可能性，来保持正面的信念和预期，实现渴求的结果。有能力识别有益的状态，并在某些情境中有意识地进入这种状态，会给予我们更多的选择来体验和回应这些情境。在 NLP 的术语里，“状态选择”和“状态管理”是指在既定情境或挑战下，选择和实现最适宜的状态的能力。NLP 的目标之一是帮助人们创建一个有用或资源丰富的宝库。

随着更加强烈地觉察到影响内在状态的模式和征兆，我们可以增加回应特定情境的选择的数量。一旦我们能够看清楚哪些要素在界定和影响着我们内在状态的特征，我们就可以选定和“锚定”它们，使之变得可资借用。NLP 用到的选定和锚定内在状态的一些方法包括：空间定位，次感元（颜色、音调、亮度等），非语言线索。

为了更好地识别和理解你自己的内在状态，以及发展你的“状态选择”和“状态管理”能力，有必要学会对自己的身心过程进行内部盘点。NLP 中有三种方法：生理清单、次感元清单和情绪清单。

生理清单（physiological inventory）是指意识到个体的身体姿势、

手势、视线、呼吸和动作模式。

次感元清单（submodality inventory）是指注意那些在我们内在感官体验中最显著的次感元，即亮度、颜色、心像的大小和位置、音调、音色、音量和声音声响的位置、感觉类的温度、质地、区域等。

情绪清单（emotions inventory）是指注意组成我们情绪状态的要素组合。

这三种清单与我们的关键等同性和现实检验策略有关。发展用这三种方式做清单的能力，会带来更大的弹性及愉悦地增强把握自己所处的心理状态的能力。这能让你在心理状态干扰你发挥能力，实现渴求目标时，做出适宜的调整。

例如，你正坐着阅读这段话的时候，收紧你的肩膀，坐得失去平衡，让双肩向耳朵方向靠近。这是典型的压力状态。你的呼吸是怎样的？这样舒服吗？你觉得身体感觉适合于学习吗？你会注意哪里？在这种状态下，你会对学习有怎样的信念？

现在改变你的位置，稍微动一下，可以站起来并再次坐下。找一个平衡、舒适的姿势。注意释放全身上下所有的紧张，深沉而舒适地呼吸。这种状态下，你在注意哪里？联结这种状态的关于学习的信念是什么？哪种状态更有利于学习？

像上述简单的例子所证明的，非语言线索常常是监测和管理内在状态的最相关和最有影响的因素。认识行为甚至身体的细微变化对内在状态的影响，这一点很重要。不同的状态和态度，会通过不同的语言和行为模式表现出来。

练习：启动状态和下锚

可以使用 NLP 所识别出的认知和生理特性，来系统地接近和动用我们神经系统的各个部分。下述练习列举了使用基本 NLP 工具的一些方法，来帮你更好地选择和管理自己的内在状态。

锚定是选择和进入内在状态的一种最简单、最有力的工具。锚定是为具体的渴求状态建立线索并触发它。例如，下面的步骤可用来建立两种重要且有益的“心锚”。

1. 在你面前选一个明确的物理位置，作为你现在或未来想要接近该状态的“空间锚”（例如，“开始接受”）。

2. 记住你曾经体验这个渴求的状态的具体时间。重新充分地经历这种体验。用你内在的眼睛来看，用你内在的耳朵来听，感觉当时的感受、呼吸模式等。

3. 做关于这个状态的生理线索清单，次感元（心像的特性、声音、感觉）清单，情绪感觉清单。

4. 选一种具体的颜色、符号，或者其他视觉线索——一些声音或语言，或者其他具体的内在线索，来帮你记住（即作为内在“心锚”）这个状态。

5. 离开那个位置，摆脱那种状态，而后检验你的“心锚”：回到选定的空间位置，用你的内在线索重回那个状态。

6. 重复步骤 1 到 4，直到你能很容易、很直接地回到那个状态。

指导和内在指导者

“指导者”通常会促进信念改变的自然历程。在古希腊神话中，指导者是英雄奥德修斯的智慧而忠诚的顾问。当奥德修斯出门在外时，智慧女神雅典娜以指导者的姿态，成了奥德修斯的儿子忒勒马科斯的保护者和老师。因此，“指导者”的概念意味着两个过程：（a）建议或提供咨询；（b）作为引导者或老师。指导（尤其在职业上）强调的是学习、效力以及掌握任务之间的非正式关系。指导也可以包括这样的过程：帮助和支持另一个人建立鼓舞性信念，对限制性信念换框。

指导者的角色与老师或教练有重叠，但又不同于老师或教练。老师通过教导，教练提供特定的行为反馈，帮助人们学习或成长。而指导者常常以他们自身为例，引领我们发现自己的潜能。就像神话故事中指导者的例子所暗示的，指导的过程也包括在较高层次上咨询与引导的可能性。这种指导常常内化为个体的一部分，从而不再需要外部指导者存在。人们有能力在许多情境中让“内在指导者”成为生活中的顾问和引路人。

在 NLP 中，“指导者”这个概念是指这样一些人：他们通过与你产生共鸣，释放和揭示你内心深处的一些东西，来积极地塑造和影响你的生活。指导者可以包括孩子、老师、宠物、你不曾见过但读到过的人、自然现象（如海洋、山川等），甚至你自己的一部分。

我们可以动用生活中重要的指导者的记忆，来重获知识、资源或无意识能力。使用“内在指导者”的基本方法是想象那个人或事物存在，而后进入指导者的观点、立场，然后采取“第二立场”。这让你得以接近那些内心存在，但在当时的情境（或你自己的）地图中不曾识别或包含的品质。表现出这些品质后，内在指导者会帮你将它们融入你的行为（当你与指导者的观点联结时）。一旦你从指导者的视角体验了这些品质，你就可以在特定情境下将它们带入你自己的感知，并体现在行动中。

信念改变循环的程序

下述程序是我发展出来的技术，以便帮助引导人们顺利通过信念改变的自然循环。这包括使用“心锚”和内在的指导者，帮助引导人们走过组成信念改变循环的一系列状态：（1）想要相信；（2）开始接受；（3）相信；（4）开始质疑；（5）回忆曾经相信某事的体验；（6）信赖。

这个程序包括为每种状态建立单独的位置，而后对每个位置锚定相应的状态。可以将循环中的各个状态以图 7–1 呈现：

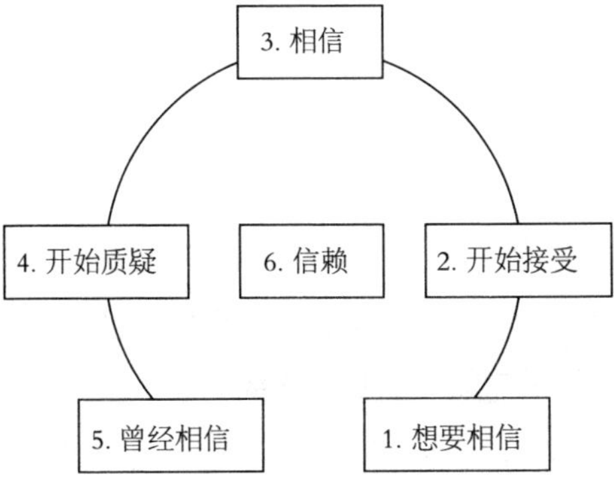

图 7–1 信念改变循环的位置图

信赖的体验超越于信念之上，将它置于循环的中心，作为整个过程中其他部分的“超然位置”（meta position）和“整体检验”

(ecology check)。

运用前面的“下锚”练习的过程，来给各个状态设立“心锚”，让自己尽可能完全投入这种体验，与信念改变循环的各方面建立生理上的连接，再将其“下锚”到合适的空间位置。

1.“想要相信”一些新事物。

2.“开始接受”新事物的体验。[注意：你可以确定一个内在指导者，指导者通过与你产生共鸣，释放或揭示你内心深处的某些东西，来帮你更多地“开始接受”，而后在“开始接受”的位置附近为指导者留出自然空间。指导者可以是孩子、老师、宠物、你不曾见过但读过的人、自然现象（如海洋、山川等），甚至你自己。]

3.“当下相信”的信念包括限制性信念，或者与新信念（你希望更强）有冲突的信念。

4.“开始质疑”你曾经长期相信的事物的体验。

[同样的，你可以确定另一个“指导者”，来帮你更加怀疑限制了你生活的东西。]

5. 你“曾经相信”但不再相信的信念。

[这是我称之为“个人历史博物馆”的地方。]

6. 深深信赖的体验——可能是某个时刻，你不知道还能相信什么，但能够信赖你自己或某种更强大的力量。

[加入帮你建立信赖体验的指导者，可以让这种体验变得非常强。]

这些状态和指导者不需要与你当前试图解决的信念议题有关联。

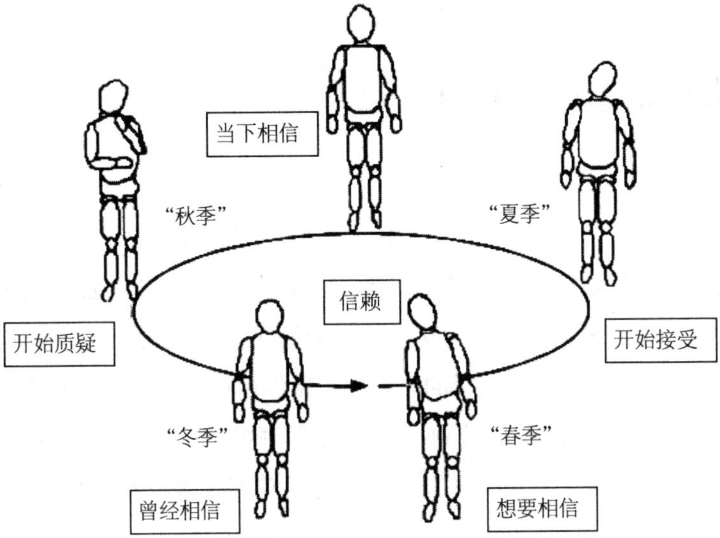

图 7-2　与信念改变周期相关的状态"全景"

执行信念改变循环

一旦展示了这个全景，可以用很多不同的方式来使用它。常规用法之一是让一个人设想一个自己想要强化的新信念，而后简单地“走过”信念循环的自然步骤。相关说明如下：

1. 站在“想要相信”的位置，想象你希望对它更有信心的那个新信念，带着这种信念走进“开始接受”的位置。（如果你为这个状态选了“指导者”，可以在这里进入他的观点视角。从指导者的眼睛里看着你自己，你可以给“开始接受”新信念的自己有益的建议或支持。）

2. 去感受更加相信新信念是什么样子。当你凭直觉感到时机合适时，专注于你想要相信的新信念，步入“当下相信”的位置。

3. 如果在“当下相信”的地方出现任何冲突或限制性信念，就带着它们走到“开始质疑”的位置。（同样的，如果你为“开始质疑”状态选了指导者，你可以在这里进入他的观点视角。从指导者的眼睛里看着你自己，你可以给“开始质疑”限制性信念和冲突信念的自己有益的建议或支持。）

4. 整体检验：走到“信赖”的位置，同时考虑新信念与冲突或限制性信念的正面意图和目标。考虑你是否要改变或修正新信念，也考虑旧的信念中有无值得保留或可以与新信念合并的部分。

5. 回到你留在“开始质疑”那里的旧有的限制性或冲突的信念，带着来自“信赖”的洞察，将它们带到“曾经相信”的位置——你的“个人历史博物馆”。

6. 回到“当下相信”的位置，聚焦于你想加强的新信念。体验满怀信心的新感觉，说出你在这个过程中发现与学习到的领悟。

7. 整体检验：再次走到“信赖”的位置，考虑你所做的改变。要知道，由于这是自然的、有机的、动态的循环，整个过程会继续发展，你可以在未来用任何对你最适宜和整体平衡的方式来做必要的调整。

很多人发现，简单地走过这些位置（甚至想象走过这些位置），重新经历相应的状态，就能让他们平和而自发地开始转变信念。

[注意：若要完全建立一种信念（即完全“融入肌体”），可能有必要对第五章探讨过的五个关键信念中的每一个都重复上述循环，即相信某些事物是：（1）令人渴求的；（2）有可能的；（3）适宜的；（4）你有能力实现的；（5）你值得拥有的。]

信念链接

运用各种回应术模式的终极目标是用语言指引人们体验信念改变循环中的状态。作为一项技术，运用信念改变循环不一定要使用语言。仅仅为每个内在状态设立相应位置的“心锚”，并以合适的次序去体验，就能完成这个过程。然而，有时，在合适的时机有效地设计语言，可以大大地促进实现某个状态或状态间的变动（即从“想要相信”转向“开始接受”）。

除了生理反应、情绪反应、内在表象和次感元之外，语言也对内在状态有强大的影响。信念链接的技术证明，运用回应术模式（意图和重新定义）来激发和支持某种内在状态、强化“开始接受”和“开始质疑”的体验，是多么简单易行。

在 NLP 里，“链接”这个词指的是一种“下锚”：将体验与开始状态到渴求状态之间的特定次序连在一起。建立有效“链接”的关键要素是选取连接问题状态与渴求状态的中间转换状态。这些转换状态作为垫脚石，可以帮助个体更容易地朝着目标状态的方向前进。要直接跨过当前状态与某些渴求状态之间的鸿沟，常常很难。例如，有的人卡在了挫败感里，想要被激励去学习新东西。直接从挫败感转向自我激励会很困难，很可能在试图强迫自己转变时产生紧张和冲突。链接则会在挫败与激励之间建立两三个中间步骤或中间状态。

最有效的链接，是逐渐增强从问题状态到目标状态间的先跟后带。如果问题状态是负面的，而渴求状态是正面的，链接过程意味着先从负面状态转向轻微负面的状态，例如混淆。之后，意义显著的一小步是从轻微负面的状态转向轻微正面的状态，这就好比对将要发生什么感到好奇，而后从轻微正面的状态转向所渴求的正面状态就相对容易了。当然，根据当前状态与渴求状态之间的生理或情绪差异，可能需要添加更多的中间状态。

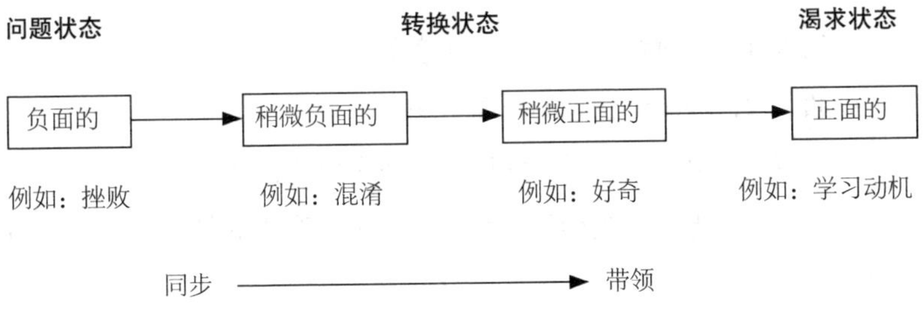

图 7–3　链接状态——从挫折到动力

在选择状态作为链接的一部分时，最好让相邻的状态之间有某种程度的生理、认知或情绪的重叠。例如，挫败和混淆有共有的特点。同样的，混淆和好奇也具有某些共同特征——例如它们都包含对结果的不确定。好奇和激励的相似之处在于它们都想要进入特定的方向。

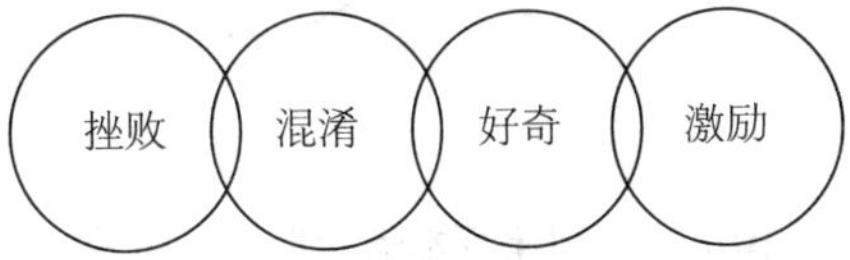

图 7–4　链接中的相邻状态应在某种程度上重叠

基本信念链接程序

通过“下锚”的过程，在链接中建立状态次序和连接两种状态会更加容易。历史上，NLP 技术中的“链接锚”曾用过感觉“下锚”的方式。创建信念链接的方法之一，例如回应术模式所做的，是在感觉锚的次序中加入语言特征。

例如，当处理一个限制性信念时，你可以布置四个位置，加入两个中间状态，构成从问题状态（限制性信念）到渴求状态（更具鼓舞性的信念）的“链接”：

位置＃1：限制性信念（问题状态）

位置＃2：限制性信念的正面意图

位置＃3：重新定义限制性信念，使之更积极和正面

位置＃4：正面意图和重新定义的结果所产生的鼓舞性信念（渴求状态）

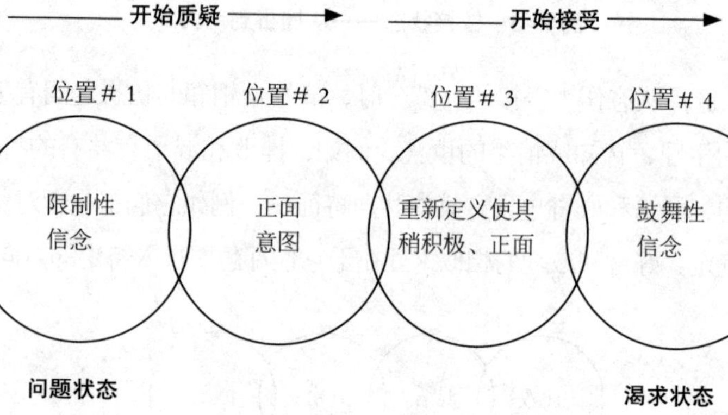

图 7–5　创建基本信念链接的位置

1. 站在“问题状态”的位置，选一个你想处理的限制性信念。（例如：“我很难学习语言模式，因为这些字眼儿让我感到又困惑又厌烦。”）。注意与限制性信念相连的内在状态，而后走出这个位置，改变你的状态，摆脱限制性信念的影响。

2. 现在走到“渴求状态”的位置，进入你觉得“一致”和“聪慧”的内在状态。这时不需要知道伴随这种信念的鼓舞性信念，只要体验将要与其相连的正面的内在状态就足够了。

3. 回到“问题状态”位置，走向链接的其他步骤，来感受从当前状态转向渴求状态的流动感。同样的，这里重要的是感受内在状态的改变，还不需要意识到信念的改变。

4. 回到限制性信念，走到代表“正面意图”的位置。探索限制性信念背后的正面意图，尝试不同的表述，直到你找出真正让自己的感受和内在状态变得更积极的表达方式。（例：“我感到我和所学的东西有关系、有联结。”）

5. 再次向前，走到重新定义的位置。重新表述限制性信念，但要将关键词换成能更好地反映正面意图的字眼。探索语言换框如何带给你对信念的不同观点。同样的，尝试不同的表述，直到你找出能改变自己感受的信念的表达方式。（例：“在我感到混乱和无聊的时候，我很难注意语言模式，因为我只听到了那些词句，没注意我的感受和我跟他人的关系。”）

6. 再次向前，走到“渴求状态”的位置，形成一个积极的信念陈述，它合并了限制性信念的正面意图，并且内涵丰富而鼓舞人心。再次确定，当你说的时候，这些词真正能触发你正面的感觉。（例：“当我听着那些措辞，并与自己的感受和人际关系有联系、有联结时，我真的很享受学习语言模式。”）

7. 反复走几次这个“链接”，重复与每个位置相关的陈述，直到在语言上和感觉上都能感受到从当前状态向渴求状态的轻松而顺畅的流动。

非语言沟通的影响

改变内在状态和用“空间锚”改变信念的效果，也带出了非语言沟通的重要性。语言信息或语言仅仅是人们彼此交流和影响的一种通道。人们还有很多方式通过身体语言来互动和传递信息，比如眼神接触、点头、哭泣、用抑扬顿挫的声音强调和突出。虽然非语言沟通不是最重要的，但至少跟语言沟通同样重要。

根据葛利高里·贝特森的说法，交流互动中只有8%的信息是通过语言，即“数位”传递的，其余92%的信息则是通过“比喻”系统，以非语言行为来传递。沟通中的“比喻”部分包括身体语言及从音调部分，如嗓音、语速和音量等传达的信息。例如，说笑话的方式——语调、表情和停顿等——通常比笑话中的措辞更让笑话可笑。

非语言沟通包括下述方面的线索和信号：脸部表情、手势、身体姿势、音调或语速的变化、眼睛的活动。非语言线索常常是一些“后设信息”，它与所表述语言内容的信息有关。通常是它们决定了人们如何接收和解释语言交流的内容。如果有人说“现在请密切注意”，并且指着他/她的眼睛，这跟他/她说同样的话但指着自己的耳朵所传达的信息完全不同。如果有人用讽刺的语调说“那很棒”，从非语言沟通部分来说，实际上传达的是跟所说的话相反的含意。

像表情、音调这些非语言信号，更能从情绪上影响我们，决定我们如何“感受”别人正在说的话。事实上，非语言信息倾向于反映和影响我们内在的状态，语言信息则主要跟认知过程相关。非语言沟通更“原始”，也是其他动物彼此交流的主要方式（我们也是这样跟动物交流的）。如果我们用愤怒、威胁的语调对一条狗说“好狗”，毫无疑问它会对语调而不是对语言做出第一反应。

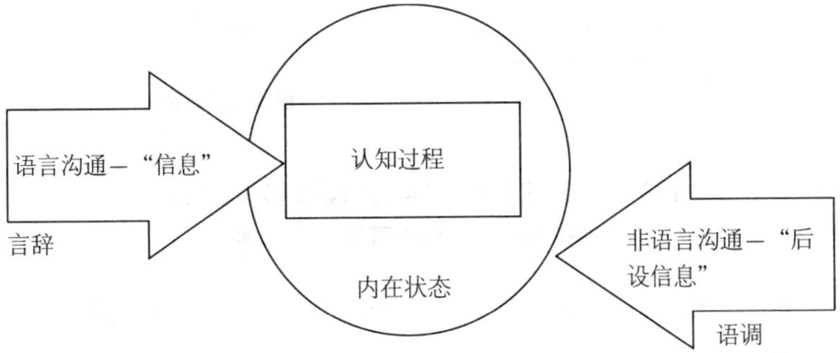

图 7–6　沟通的非语言部分比语言交流更能反映和影响我们内在的状态

这样，我们说话时所用的语调，对他人如何“听取”和“接收”语言信息有极大的影响。用愤怒或有挫败感的语气对他人说“你能行”，触发的疑虑可能跟激发的信心或信念一样多。

人们常常只注意沟通中的语言，而忽略非语言沟通的部分。在运用回应术时，其本质在于注意伴随语言而来的非语言后设信息。正确的语言通过错误的语调或错误的表情说出来，会给我们带来意料之外的反效果。

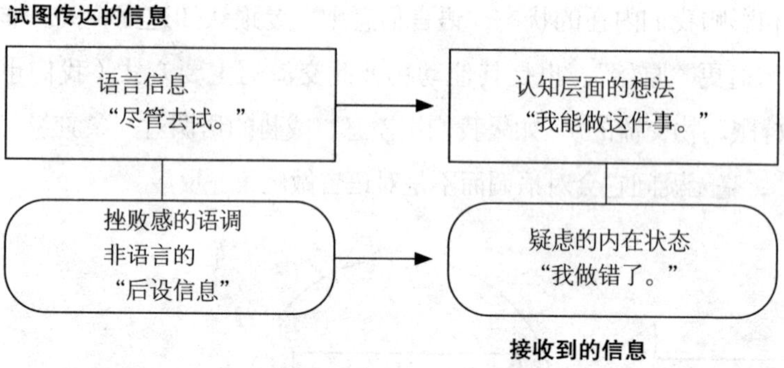

图 7–7　非语言的后设信息明显地影响着我们内在的状态和对语言信息的解读

非语言信息与言辞之间的一致程度，来自我们自己与所说内容的一致性，即“信息”与“传递信息者”的一致性。这样，我们说话时的内在状态与倾听者的内在状态一样重要。学会观察非语言线索，密切关注自己的内在状态，可以大大提高你运用回应术正面影响他人信念的效果。

第八章

思想病毒与信念的后设结构

信念的后设结构

在本书中，我们探讨了经验受信念影响的各个维度，这些维度也涉及信念的形成和保持。

我们的感官体验为我们建构自己的世界观提供了原材料。信念是来自经验资料的归纳总结，并在经验中被更新和修正。信念作为经验的模型，会删减和扭曲经验所表征的各个方面。这使信念兼有限制我们和鼓舞我们的潜力。

价值观为我们的信念和经验赋予了意义。它们是建立信念所要支持或反映的更高层次的“正面意图”。信念通过“因果”或“复合等同”的陈述，把价值观和我们的经验连在了一起。

预期激励着我们保持某些归纳总结或信念。对事情后果的预期，来自我们持有的特定信念。信念或归纳总结产生的特定后果，决定了该信念的用途。

我们内在的状态，既是生活经验的过滤器，也是激励行动的因素。内在状态常常是支持特定信念或总结的容器和基础，也决定着用来保持该信念的情绪能量。

正是我们生活经验中这些成分之间的内在联结，形成了理查德·班德勒所说的“现实建构”（fabric of reality）。信念的功能是为组成我们世界观的这些基本元素提供关键的连接。

我们来看一下孩子学骑自行车的例子。类似“我能学会”这样的鼓舞性信念，会把“有趣”“自我完善”这样的核心价值观与学习连在一起，与“满怀信心”的内在状态连在一起，与“我会学得越来越好”这样的预期连在一起。这会激励和推动那个孩子一直去尝试，虽然他/她可能经常摔倒。当那个孩子能够体验到在摔倒之前保持更久的平衡时，这会强化“我能学会”这种归纳总结，强化信心状态，强化改善的预期和乐趣、自我提升的价值。

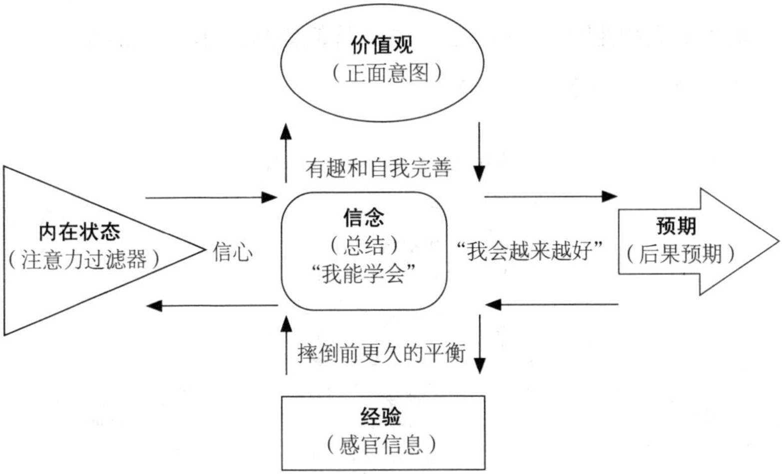

图 8-1 信念是将我们的经验、价值观、内在状态、预期连在一起的归纳总结，就此形成我们的“现实建构”

健康的信念与所有这些维度都保持着联结。当我们的价值观、预期、内在状态有变化，或者有了新的体验时，我们的信念会自然地改变和自我更新。

限制性信念的产生，则是上述成分的任何一个变为负面表述或“问题”框架的结果。一旦建立限制性信念，会对所有这些成分有影响。例如，一个孩子在学骑自行车，他有一个哥哥或姐姐已经很会骑车了。这可能会激励这个小孩子去学骑车，也可能他/她会有不恰当的预期。小孩子会希望骑车骑得跟哥哥姐姐一样好，并拿自己的表现跟大孩子做比较。由于小孩子的表现达不到自己的预期，他会从“问题”框架或“失败”框架看问题，导致产生挫败感这种内在状态。除了带来不舒服的感觉之外，负面的内在状态也会影响孩子的表现，让他/她更频繁地摔倒。孩子可能也会建立这样的预期：“我会再次摔倒”，这会成为“自我实现的预言”。最后，为了避开更多的不舒服和挫败感，孩子会建立这样的信念：“我永远都没法骑自行车”，并从此不再尝试骑车。

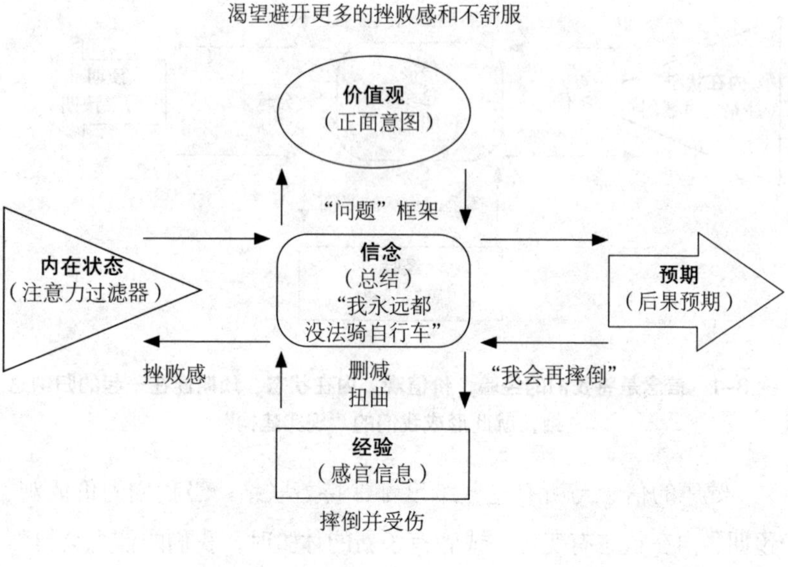

图 8–2 限制性信念产生“问题”框架

当限制性信念和限制性总结与产生它们的意图和经验保持联结时，删减和扭曲最终会因为新的内在状态体验的变化和预期调整的结果而产生更新和修正。不符合这种归纳总结的新资料或反例，会

让人重新考虑他 / 她的限制性信念的正确性。

如果一个有了“我不能骑车”这种归纳总结的孩子，得到鼓励和支持继续尝试骑车（并能将他 / 她的“失败”当作“反馈”），他 / 她最终会学会保持平衡，获得某些成功。这会让孩子开始想：“哦，说不定我终归能学会。”随着成功的持续，孩子会颠覆自己较早的信念，自己自然而然地换框。孩子会“开始接受”自己能学会骑车，并“开始质疑”以往所理解的限制。

思想病毒

限制性信念产生于“问题”框架、“失败”框架或“不可能”框架中的总结、删减和扭曲。当这些信念脱离了它们所起源的经验、价值观、内在状态和预期时，它们会变得更限制人、更难改变。在这种情况下，这种信念会被当成某种孤立于现实的“真理”。这会让人把信念看作实景而不再是地图。建立地图本来的目标是帮我们从经验领域的某些部分有效地导航。如果限制性信念不是从我们自己的经验中形成，而是由他人灌输的，这种情况还会变得更严重。

NLP 的基本假设之一是每个人都有他 / 她自己的世界观。根据个人的家庭背景、社会地位、文化水平、专业训练情况及个人经历的不同，人们的地图会千差万别。NLP 在很大程度上是关于人们如何处理世界观不同这个事实。我们生活中的一大挑战是如何跟别人协调彼此的世界观和地图。

例如，对于身体痊愈的能力和“应当做什么”“可以做什么”来治愈自己和他人，人们有着截然不同的信念。人们有着什么可能会治愈身体以及什么是治愈的地图，并且会依据自己的地图生活。有时这些地图会很有限制性，带来信念的矛盾和冲突。

例如，一位妇女发现自己得了移转性乳腺癌，她开始寻求做些什么，以在精神上激励自己自我治愈。外科医生告诉她“所有身心治疗的东西”都是“胡说八道”，可能会“让你发疯”。这显然不是这位女士从自己的经验中得出的信念。但由于这个人是她的医生，他的信念对她做出关于自己健康方面的决定有很大的影响。不管她愿不愿意，都要面临医生的信念成为她自己信念系统的一个因素（就像如果一个人旁边有病人，他必须应对周围有细菌的状况）。

注意，这位医生所表达的信念是利用“问题”框架陈述的事实，并且与任何特定的正面意图、感官信息、内在状态或关于接受这种信念的预期或渴求结果，都没有关系。它仅仅是简单地呈现为“就是这样”。那么，这种信念的准确性和效用就难以检验。这位女士的处境就成了要么同意她的医生（这样，她就要接受这个限制性信念），要么跟他抗辩（这对她的健康护理会有负面后果）。

尤其是这种信念用“正确的世界地图”的方式呈现时，就成了所谓的思想病毒。思想病毒是一种特别的限制性信念，会严重干扰自己或他人治愈或改善的努力。

从本质上讲，思想病毒与周围的“后设结构”没有联结，是后设结构提供了信念的情境和目标，决定信念的整体性。思想病毒与典型的限制性信念不同，后者可以根据经验更新和修正，思想病毒却是基于未说明的假设（通常是其他的限制性信念）。在这种情况下，思想病毒不再服务于更大的现实，而是自我验证“现实”。

因此，思想病毒不易被经验中的新资料和反例修正或更新，反倒是需要识别其来源的信念和前提假设。因为思想病毒是建立在这两者的基础上（它们也将思想病毒保持在合适的位置）。然而，这些其他的信念和前提假设，在信念的表层结构中通常并不明显。

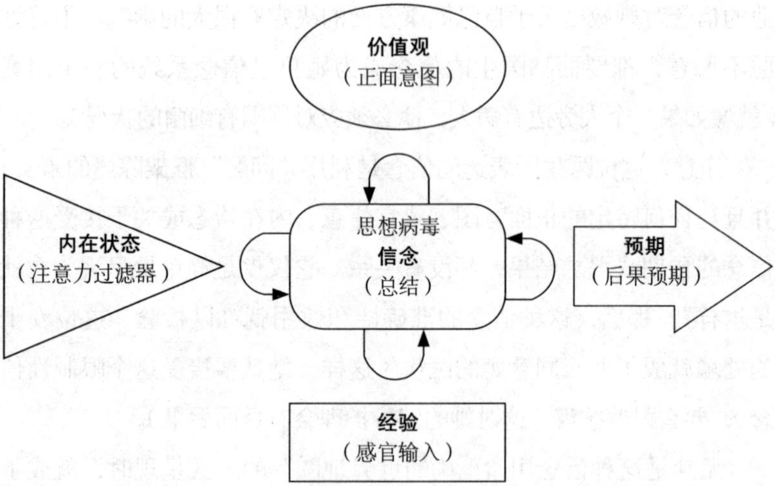

图 8-3 思想病毒是与建立它的其他认知和体验过程都无联结的信念

例如，如果前面提到的女士是个实习护士，她就在为医生工作。雇用她的那位医生没有像她的外科医生那样，说她会被愚弄，而是把她叫到一边告诉她："你知道，如果你真的关心你的家人，就不会在他们毫无准备的情况下离开他们。"尽管他没有像她的那位外科医生那样说得那么激烈，实际上比直接说"那是胡说八道"更像是潜在的思想病毒。因为这话暗含的很多意思没有直说，这就让人更难识别出"这仅仅是他的意见"。你会想："是的，我确实关心我的家人。是的，我也不想在他们毫无准备的情况下离开他们。"但是，那句话中没有直接说，没有包含在表层结构中的是"离开他们"意味着"死亡"。这句话的前提假设是"你想找死"。这话暗示了她应当"停止这种无意义的做法，准备好面对死亡"，或者暗示那会让你的家人更难面对。如果你真的关心你的家人，你就不要尝试想"好转"，因为你只会毫无准备地离开他们。

让它像潜在的思想病毒的是那个暗示：要想做善良的、有爱心的母亲和妻子，唯一正确的做法是接受你快要死了的现实，这无可避免，你要帮你和你的家人做好准备。这暗示了在某人的垂死已经板上钉钉时，试图重获健康是自私和不关心家人的表现。那样就会建立起虚假的希望，可能会浪费大量钱财，并且只会带来悲伤和失望。

这样的思想病毒会“感染”人们的心智和神经系统，就像生理上的病毒会感染身体，计算机病毒会侵扰计算机系统一样，导致混乱和功能失调。如同计算机程序或整个计算机系统会被“计算机病毒”损坏那样，我们的神经系统也会被思想病毒“感染”和损害。

从生物学意义上讲，病毒实际上是一小片基因材料。我们的基因编码是我们的生理“程序”。病毒是不完整的“程序”组块。它不是真实活着的生物。所以你难以杀死它、毒死它，因为它不是活着的。它会进入宿主的细胞，如果宿主不能对该病毒免疫，就会不明智地给病毒提供一个“家”，甚至帮助病毒自我复制，产生更多的病毒。

[这和细菌形成鲜明的对照：其实细菌是活着的细胞。例如，细菌可以被抗生素杀死，但抗生素对病毒没有作用。因为细菌是个别细胞，它们并不“侵袭”或取代我们身体中的细胞。有些细菌是寄生的，如果细菌过多会有害，但多数细菌是有益的，实际上身体需要它们——例如用细菌来消化食物。]

计算机病毒与生物病毒的相似之处在于，它也不是连贯的、完整的程序。它不“了解”自己属于计算机的什么部位，哪里的存储位置是安全的和对它开放的，它对计算机的“整体平衡”全无概念。它也毫不理解自己与计算机其他部分的特性。病毒的主要目标很简单，就是不断地自我复制，产生更多的病毒。由于它不会识别和“考虑”计算机里其他程序资料的界限，它会不加选择地改写、消除和取代它们。这会引起计算机功能失调，出现严重错误。

思想病毒与其他类型的病毒相似。它也不是完整的、连贯的想法，后者会符合个体更大的理念信念系统，并以健康的方式有机支持更大的系统。思想病毒是一种特定的能制造混乱和冲突的思想或信念。个别的思想和信念本身并没有什么“力量”。它们只在有人依照它们来行动时才获得“生命”。如果有人决定执行一种信念，或依照特定的思想指导他/她自己的行动，他/她就赋予了这种信念以“生命”，这样会出现“自我实现的预言”。

例如，前面提到的女士，比她的医生所预测的多活了12年，这主要是因为她没有内化医生的限制性信念。雇用她的医生说，如果她很幸运，或许能活两年，他甚至用月和星期来谈论她的存活时间。这位女士停止为该医生工作，在完全没有癌症症状的情况下活了很久。然而，她辞职数年后，这位医生自己得了重病（尽管他的病比这位女士要轻得多）。这位医生的反应是结束自己的生命。更有甚者，他要么说服他的妻子与他一起自杀，要么没经她的同意就拉她陪死（这个情境已经无法查知真相了）。为什么？因为他相信自己的死毫无疑问是不可避免的，他也不想“在妻子毫无准备的情况下离开”。

重点在于，思想病毒和艾滋病病毒一样容易置人于死地。它可以像损害被其宿主感染的他人一样很容易地杀死宿主。想想有多少人死于“种族清洗”和“圣战”吧。甚至在很大程度上，艾滋病病毒是通过伴随着它的思想病毒来杀人的。

这并不是在暗示这位女士的雇主医生是个坏蛋。按照NLP的观点，他本人不是问题的根源，那个“信念病毒”才是。其实，他结束自己生命的事实可以被看作是极端正直的行为——如果一个人拥有他的信念。是那些信念需要被严肃检讨，而不是那些人。

思想病毒无法被杀死，只能被识别，被中和掉，或者从系统的其他部分被过滤掉。你无法消灭某种想法或信念，因为它不是“活的”。即使杀死基于这种想法或信念而行动的人，也不能消灭这种想法或信念。数百年的战争和种族屠杀证明了这一点。（化疗有点像战争，它杀死被感染的细胞，但无法治愈身体或者保护身体免受病毒侵扰——这很不幸地造成身体中相当多的健康细胞伤亡。）对于限制性信念和思想病毒，需要像身体应对生理病毒、计算机应对计算机病毒一样，做类似处理——识别出病毒，对其“免疫”，在系统中不给它留空间。

病毒不仅仅会影响“虚弱”“愚笨”或“劣质”的人或计算机。计算机病毒的电子宿主和生理病毒的生物宿主会被欺骗，是因为病毒一开始就像是适合的、无害的。例如，我们的基因编码是一种程序，它的工作类似于“如果有 A 和 B，那就做 C”，或者“如果有些东西的结构是‘AAABACADAEAF’，那么它就属于那个位置”。我们的免疫系统的功能之一是检查身体各个部分的编码和进入身体的东西，以确保它们是健康的，并确定它们属于那里。如果没有归属，它们就会被“驱逐”或者再回收。身体和免疫系统被病毒“欺骗”，比如艾滋病病毒，是因为它的结构跟我们自己编码的细胞相似（一种细胞层面上的“先跟后带”）。事实上，人类和黑猩猩是仅有的受害于艾滋病病毒的生灵，因为只有人类和黑猩猩的基因结构与艾滋病病毒的编码足够相近，以致被病毒感染（“同步”）。

作为例子证实，就好比一个人的基因编码是“AAABACADAEAF”

模式，病毒的结构是“AAABAOAPAEAF”，看上去跟这个人自身的基因编码很相似。如果只检查前面五个字母，这个病毒编码就会被确认，并被允许进入这个人的体内。身体和免疫系统被病毒“欺骗”的另一种方式是，病毒进入身体时用无害的蛋白质外衣（有点像特洛伊木马）作伪装，免疫系统无法识别出其中有诈。

从某种意义上讲，这就像医生说的：“如果你真的关心你的家人，就不会在他们毫无准备的情况下离开他们。”表面上看，这句话没有什么有害的东西。其实它看上去很符合正面的价值观：“关心”“准备”。是做陈述的情境和没有说出但预设或假设了的东西，使这种信念变得致命。

重要的是要记住，生理的、计算机的或心理的病毒，其本身并不存在关于所在系统的真正的智能或意图。例如，所说的信念仅仅是一些语言，直到它通过这些与语言有关的价值观、内在状态、预期和体验被赋予生命。同样的，生理病毒只是在身体允许它进入，并将病毒与自身混淆时才会有害。被病毒感染并非机械的和不可避免的。我们可能都有暴露于感冒病毒或伤风病毒而没有感染的经验，因为我们“抵抗得住”。当一个人接种某种病毒的疫苗时，本质上他/她的免疫系统就学会了识别病毒，使之再回收或从身体中消除它。免疫系统并没有学会杀死病毒（因为病毒无法被杀死）。[的确，所谓的“杀手T细胞”能摧毁我们身体中被病毒感染的细胞和组织。但就像化疗一样，这更多的是在针对症状而非原因。在完全免疫的情况下，细胞一开始就不会被感染。] 例如计算机的杀毒程序，并不会毁坏计算机自身的部分，而是会识别出计算机中的病毒，将其从计算机的内存或硬盘中移开。通常，杀毒保护程序仅仅是隔离了“被感染的”磁盘，直到找出病毒，于是计算机免于危险。

同样的，在对病毒免疫化的过程中，身体的免疫系统更好地被“教会”识别和挑选出病毒。就像小孩子学习阅读，变得更能识别字母模式一样，免疫系统变得更能识别和挑选出病毒各种模式的基因编码。它能更彻底、更深入地检查病毒的程式。例如，我们实际已经在地球上消除了天花病毒，但这一点不是靠杀死天花病毒来做到的。病毒仍然存在，我们仅仅是找到了办法教我们的免疫系统识别它。你去接种疫苗，你的免疫系统马上意识到“哦，这个病毒不属于我”。就是这样。再说一遍，接种疫苗不会杀死病毒，它仅仅是帮免疫系统更清楚地知道什么是你，什么不是你；什么属于身体，什么不属于身体。

同理，在计算机磁盘中选择一个文件，移到回收站里清除掉，跟考虑“抵抗”或“杀死”病毒一样，这一过程是最终的决定，但不是用那么猛烈的方式。这也不仅仅是为了保护计算机才做的事情。当旧程序升级，或被新版本取代时，旧的资料过期时也会被删除掉。

显然，这不是在建议寻访和试图“清除”掉每一个限制性信念。其实主要是在强调，真正把握时机探求交流或症状的正面意图。很多人仅仅是简单地想消除症状或希望症状消失，他们遇到了很大的困难，因为他们没有尝试倾听或理解他们的境遇。要想识别和辨认“病毒”，常常需要高度的智慧。

治愈思想病毒需要深化和丰富我们的心灵地图，以便拥有更多的选择和更广阔的视野。如果持有唯一正确、恰当的世界观，就产生不了智慧、道德和实现整体平衡，因为人们无法制造唯一。事实上，目标在于创造最丰富的地图，尊重自然系统，尊重我们和我们所生活的世界的整体平衡。当一个人的世界观得以拓展和更加丰富时，他对自己的身份和使命的认识也在不断扩大和丰富。身体的免疫系统是澄清和保持其生理身份完整性的机制。免疫的过程，从本质上看是让免疫系统针对哪些是身体的一部分、哪些不是，学到更多。同样的，思想病毒的免疫包括一个人的信仰系统与心理和“精神和使命”之间的净化、相合和一致。

总而言之，像回应术这样的技术，让我们得以用更像免疫而不是化疗的方式来应对限制性信念和思想病毒。很多 NLP 原理和技术——例如回应术模式中所包含的——都可以被看作是帮助人们的信念系统对某些思想病毒免疫的“接种疫苗”。它们将限制性信念和思想病毒与价值观、预期、内在状态和经验重新联结，从而让它消散；将其重新置于背景情境中，让它自然更新。

前提假设

思想病毒不能被经验中的新资料和反例自然更新或修正，产生妨碍的一个重要因素是信念的很大一部分是被预设的，而不是明确地由信念陈述的。要想改变，需要识别思想病毒建基于其上的其他信念和前提假设，让它们浮出水面，并加以检验。

前提假设与无意识信念或假设有关，这些信念或假设嵌入说话方式、行动、其他信念的结构中，是它们产生意义所必需的。根据《韦氏词典》，前提假设是指"预先假定的"或"逻辑、事实中必需的"先行条件。"假设"（suppose）这个词来自拉丁语，字面意思是"放在……下面"，由"sub"（在下面）和"ponere"（放在）两个字根构成。

在为了让某些陈述变得有意义，需要接受某些信息或关系的真实存在时，语言上的前提假设便出现了。例如，要理解这个句子："只要你别再破坏我们为治疗而付出的努力，我们就能有进展。"假定他说这句话的对象事实上已经在破坏治疗性努力了。这句话也假设了已经尝试了某种治疗性努力，并取得了一些进展。同样的，"既然他们让我们别无选择，我们只好诉诸武力了"这句话其实假设了别无选择，以及是"他们"决定了有无选择的存在。

真实的语言前提假设与假定和推论形成鲜明对照。语言的前提假设要在陈述的主体中公开表达，这必须被"假设"或接受，才能让一句话或说话方式有意义。例如这个提问："你停止很有规律的运动了吗？”用到“停止”这个词，意味着听者已经做了有规律的练习。“你很有规律地运动吗？”这个提问就没有这样的前提假设。

这些提问并没有预设“说话的人认为运动很重要”，或者“说话的人不熟悉听者的运动习惯”这些结论。这些是我们可能针对提问做出的假设或推论，但问题本身并不包含这些预设。

考虑下面两种陈述：

政府阻止了示威者的游行，因为他们害怕暴力。

政府阻止了示威者的游行，因为他们鼓吹暴力。

除了“害怕”和“鼓吹”这两个词不同外，这两句话的结构几乎一样。我们会根据用哪个词来假设“他们”指的是“政府”还是“示威者”。我们倾向于认为是政府害怕暴力，是示威者鼓吹暴力，但陈述本身并没有预设这一点，这是我们这些听者假定的。而这两句话仅仅是预设了有示威者在计划游行，如此而已。

与上述两种陈述有关的推论是“示威者和政府不是同一个群体”。推论与基于陈述所提供的信息得出的逻辑结论有关。

由于在特定陈述或信念的表层结构中不显现前提假设、假定和推论，因而很难直接识别和确认它们。回想患癌症女士的例子中，所引用的两位医生的信念：

“所有的身心疗法的东西都是胡说八道，可能会让你发疯。”

“如果你真的关心你的家庭，你不会让他们毫无准备就离开他们。”

第一句话的本质判断和归纳总结就在表层结构里（即便产生这个总结和判断的那些意图、经验、预期被删减掉了）。“复合等同”和“因果”陈述可以直接否认或否定。意思是说，听者可以回应：“那不是胡说八道，也不会让我发疯。”

第二句话里，基本总结和判断没有出现在句子的表层结构里，无法直接否认和否定。要直接否定这个陈述，你得这样说：“我不关心我的家庭，我会在他们毫无准备的情况下离开他们。”这说出来会很奇怪，也没有击中让这种陈述成为限制性信念的假定和推论（即你快要死了，你最好就等死，什么都别做，以免给别人添麻烦）。

要有效地处理第二句话，需要你先把前提假设、假定和推论带到表层结构。这时才能质疑它们，并探索、评估和换框形成这种信念的正面意图、预期、内在状态和经验。

例如，在两位医生的案例中，他们的女病人咨询了一位 NLP 咨询师，咨询师帮她寻求和回应医生话中的正面意图而不是陈述本身。她确定第一句“所有身心疗法的东西都是胡说八道，会让你发疯”的正面意图是“别傻了”。如果正面说，意图就是“聪明、机智、稳健地行动”。女士思考后认为，不去寻找所有能找到的治疗方式，是不明智的，尤其是在尝试一些合理的替代方法与其他治疗方法没有冲突的情况下。她也意识到，医生不是从自己试用和证明所有“身心疗法”无效的亲身经验中这样说，而是出于外科医生的心理过滤才这样回应。她意识到事实上他很可能完全不熟悉那些方法。于是这位女士推断：探索身心疗法是聪明而明智的，她实际上回应了医生看似消极的信念中未说明的正面意图。

这位女士用类似的方式回应了第二位医生的陈述。她确定，“如果你真的关心你的家人，就不会在他们毫无准备的情况下离开他们”

这种信念的正面意图是最终接受自己的命运，并对家庭采取整体平衡的行动。她也意识到她的“命运”掌握在她自己手中，而（不管他怎么想）那位医生并不真正知道她的命运。这位女士断定，帮助孩子们“准备好”应对重病的一种最好方式是她做一个好榜样：如何持续并乐观地处理健康问题，而不是绝望或冷漠。

就像前面提到的，这位女士最后戏剧性地康复了，远远超出任何人的预期。

有意思的是，我们得强调（既然已经谈到了思想病毒和前提假设），说第一句话的医生在几个月后又见到这位女士。他非常惊讶这位女士变得如此健康，于是说：“老天，你看起来比我还健康。你做了什么？”他知道她没有做任何治疗，因为她的病被认为太重了。女士回答说：“我知道你说过你不相信身心治疗，但我决定不管怎么说要试一试，我做了很多自省，并且在心里视觉化我越来越健康的样子。”医生说：“哦，我想我得相信你。因为我知道我们什么都没做。”九年后，这位医生再次为她做了小的美容手术，女士（她刚好是我妈妈）说他一开始就像见了鬼一样。在做了很彻底的检查后，医生拍着她的肩膀说：“远离医生。”

像我说过的，另一位医生在对这位女士说过那番话几年后，因为面临重病最终自杀，成为他自己的思想病毒和前提假设的牺牲品。

总而言之，句子里的前提假设越多，就越容易成为潜在的“病毒”。然而，重要的是记住并非所有病毒都有害。其实，现在的基因工程师甚至可以用特制的病毒来“接合”基因。同样的，前提假设和推论也可以传递正面信息。语言的前提假设仅仅是简单地还原了直接做语言分析的可能性。

例如，第一章开头的例子中引用的医生的话。他对病人说：“以后就看你的了。”这也用了前提假设和推论。然而，这个例子的前提假设是“还有更多的事情可以促进你康复，并且你有能力和责任去做”。这个前提假设对病人的行动有积极的影响。

在《米尔顿·艾瑞克森催眠技巧模式》(Patterns of the Hypnotic, Techniques of Milton H.Eric，1975 年）一书中，NLP 的创始人班德勒和葛瑞德描述了这位传奇的催眠大师如何用语言前提假设来导入催眠状态，帮助病人更有效地处理症状。第一章开头所用的例子，精神科医生对自认为是耶稣基督的病人说“我知道你做过木匠”，就是艾瑞克治疗性运用前提假设的一个例子。艾瑞克森以经常来访者的某些行为和反应为前提做出陈述或提出建议，例如：

“你想告诉我现在什么在困扰你，还是愿意等一会儿再说？”(这已经假定了对方会说出什么在困扰他/她，唯一的问题是何时开始。)

“现在别放松得太快。”(这假设了你已经放松了，唯一的问题在于放松的速度。)

“你的症状消失之后，你会发现停留在你为生活方式所做的改变的轨迹里，是多么容易。”(假设了你的症状将要消失，也预设了停留在你为生活方式所做的改变的轨迹里很容易，唯一的问题是发现它。)

“既然你将要在新的水平上享受学习的乐趣，你可以开始期望它了。”(预设了你会在新的水平上去学习，并且这很有趣，也预设了你会期望它，唯一的问题是何时开始。)

你可以自己练习做前提假设陈述，用下列公式，并用渴求的行为或回应填写在空白处：

你想现在还是待一会儿＿＿＿＿＿＿＿＿＿＿＿＿＿＿＿＿？

不需要＿＿＿＿＿＿＿＿＿＿＿＿＿＿＿＿＿＿＿太快。

你完成＿＿＿＿＿＿＿＿＿＿＿＿＿＿＿＿＿＿＿＿之后，你会意识到＿＿＿＿＿＿＿＿＿＿＿＿＿＿＿是多么容易。

既然你＿＿＿＿＿＿＿＿＿＿＿＿＿＿＿＿＿＿＿＿，你可以（开始/结束）＿＿＿＿＿＿＿＿＿＿＿＿＿＿＿＿＿＿＿＿＿＿＿＿。

自我参考

有可能让信念成为思想病毒的第二个关键因素是，它开始循环往复或自我参考。自我参考的过程是指回到自身，或者基于自身而运作。自我参考或自我组织的社会和心理系统，用内在自生的原则和规则建构自己的现实。“自我参考”的一个例子，可以是站在两面镜子中间，看着一面镜子在另一面镜子中的影像，产生“看见某人在看自己”的体验。

自我参考过程与外部参考形成对比。外部参考的过程是回应主要来自外界或过程与系统之外的规则和反馈。健康的系统通常在“自我参考”和“外部参考”（或“他人”参考）之间保持平衡。当一个系统或过程中只剩下自我参考时，会造成病症和自相矛盾。例如，只使用内部参考的人，会显得以自我为中心或傲慢自大。癌症就是生理系统中（或系统的一部分）过度自我参考的例子，它生长并扩散到一定程度，对周围的系统造成破坏。

循环论辩

自我参考式陈述常常造成一种循环逻辑。例如，“上帝是存在的，因为《圣经》这样告诉我们。我们知道，《圣经》所说的一定属实，因为它记录了上帝的话”这个见解，用自己的论断来作为自己正确性的证据，这就形成了循环逻辑。另一个例子是关于小偷的故事，他在分偷来的七颗珍珠。他递给左边的人两颗，又递给右边的人两颗，说："我拿这三颗。"他右边的人说："你凭什么拿三颗？""因为我是头儿。""你怎么是头儿呢？""因为我的珍珠多。"论点的一半用了另一半来证实自己。

有时候，自我参考或自我证实的陈述比较模糊，因为关键词被稍微做了重新定义，比如这句话："限制言论自由肯定对社会有好处，因为应该约束自由表达，这才有利于社会利益。"这根本是在说"限制言论自由肯定对社会有好处，因为限制言论自由肯定对社会有好处"。然而这一点不太明显，因为"限制言论自由"被重新定义为"约束自由表达"，而"对社会有好处"被重新定义为"有利于社会利益"。这样的自我参考信念陈述与周围的后设结构（即其他经验、价值观、后果或内在状态）完全脱节，后设结构本可以确定其整体性或用处。

当自我参考与信念结合，便会产生一种语言病毒。看一下下面的陈述：

"你在我的掌控之中，因为你必须读完我。"

这是心理语言学所说的"病毒式句子"（与思想病毒有关，但不一样）。注意，它包含了许多有趣的前提假设和假定。这种病毒式句子的特征之一在于，它们是自我参考和自我确认的。这个句子所指的唯一实景就是它自己，再无其他相反信息可以拿来核对它。它看上去正确，因为我们必须读到陈述的最后，来理解它提出的因果关系的论断。但是，这真的能将我们置于"它的"控制下吗？谁是那个控制我们的"我"？这个句子不是有身份的生命体，它仅仅是一组短语。这句话的原创作者现在可能已经死了，是他／她在控制我们吗？这真的跟控制有关吗？或者跟好奇、习惯、策略有关？再说一次，这个句子没有连接到任何类型的后设结构的事实，使它可以自我证实。

矛盾和两难

自我参考式陈述也会推翻它们自己，像产生循环一样产生矛盾。例如，经典的逻辑悖论“这句话是假的”，就是自我参考陈述造成自相矛盾结果的例子。如果这句话是真的，那它就是假的；如果它是假的，那它就真实。以此类推。另一个好例子是关于村里理发师的古老谜题，他为村里所有不给自己刮脸的人刮脸。那他自己刮脸吗？如果他自己刮脸，那他就不是不给自己刮脸的男性的一员，因此他不能给自己刮脸。但如果他不自己刮脸，他就成了不给自己刮脸的男性的一个，因此他要给他自己刮脸。

自我参考矛盾的第三个例子是一个提问：“如果上帝是全能的，他能创造一块巨石，大到连他自己都举不起来吗？”

“两难（双重束缚）”是矛盾的特殊形式，它会产生“必输”的情境，即“如果你去做，那你不对；如果你不做，那你也不对”的情境。很多两难都包含不同级别的历程，因此你为了在某个层面（生存、获得安全、保持诚实等）必须做的事情，会威胁你在另一个层面的（生存、安全、诚实等）。人类学家葛利高里·贝特森最早界定了两难的定义。根据他的说法，这样的冲突既是创新也是精神病的本源（取决于人能否超越两难或者困在两难中）。

从这个意义上讲，两难与众所周知的“第22条军规”有关。“第22条军规”的概念来自约瑟夫·海勒的同名小说（1961年；电影1970年）。小说是对军队官僚作风的黑色幽默描写，写的是二战期间的美国空军。小说用了很大的篇幅写飞行员尤萨林（Yossarian）想尝试逃脱恐怖的战争。他试图逃离战争时，触犯了一个神秘的规定“第22条军规”，实际上就是循环逻辑。尤萨林发现，如果他能证明自己患有精神病，就可以不再有资格完成飞行任务。然而，为了以患精神病为由免于在军队服役，他必须要求被解雇。问题的关键在于，如果一个人要求被解雇，那就预设了他是健全的，因为没有一个健康的人愿意继续拿生命冒险。由于不愿意再执行飞行任务，尤萨林证明了自己是健康的。

两难通常既有矛盾的特点，也有“第22条军规”所证实的循环性，会导致类似的混乱和无助感。考虑一下萨勒姆女巫审判的报告，检测一个人是否是女巫的方法之一，是把她捆起来扔到水里。如果这个人能浮上来生还，就可以确认是女巫，要被处死。如果沉下去淹死了，那就证明她不是女巫，当然，她也死了。

简单来说，自我参考可以是创意之源，也可以是混乱之源，这取决于它与系统内的其他流程如何保持平衡。根据它的结构和运用，它可以产生精神病，也可以产生智慧。

逻辑类型理论

哲学家和数学家伯特兰·罗素发展了“逻辑类型理论”，试图帮助人们解决由于自我参考矛盾和循环所产生的各种问题。根据葛利高里·贝特森所说：“逻辑类型理论的中心论题是，在某个类别及其所有成员之间存在着不连续性。这个类别不能是其自身的一员，它的任何一个成员也不能等同于这个类别，因为用来指代这个类别的词跟指代其成员的词在不同的层次上——属于不同的逻辑类型。”例如，马铃薯这个物种，其本身并不是一个马铃薯。这样，用于某类成员的规则和特征就不一定能用于这种类别本身（你可以把一个马铃薯削皮或者捣碎，但你无法把马铃薯这个物种削皮或者捣碎）。

罗素的逻辑类型理论是在不同“操作”层面建立自我参考调节机制的例子。这些机制在“二级控制论”中成了研究的焦点。二级控制论经常要处理“回归”环路和历程（例如自生系统和自组织系统中所包含的）。回归是一种特殊的反馈回路，其运作或程序是自我参考式的，也就是说，它把自己作为自身程序的一部分。“关于沟通的沟通”“观察观察者”“就反馈给予反馈”等，都是回归、自我参考历程的例子。

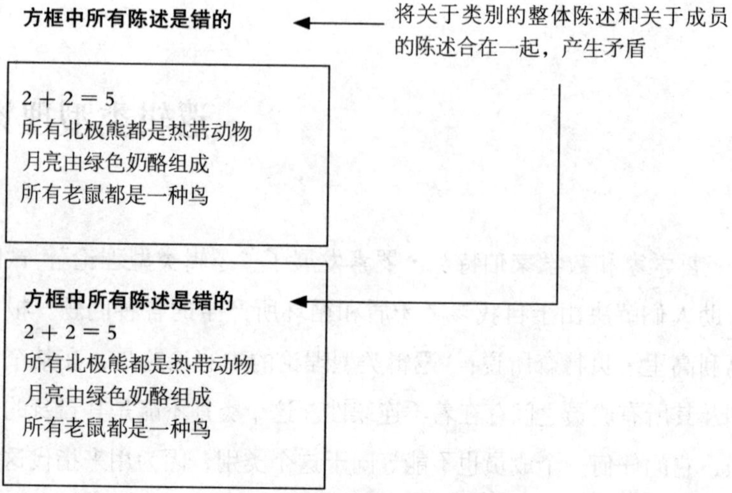
方框中所有陈述是错的
将关于类别的整体陈述和关于成员的陈述合在一起，产生矛盾
2 + 2 = 5
所有北极熊都是热带动物
月亮由绿色奶酪组成
所有老鼠都是一种鸟
方框中所有陈述是错的
2 + 2 = 5
所有北极熊都是热带动物
月亮由绿色奶酪组成
所有老鼠都是一种鸟

图 8–4　根据罗素的逻辑类型理论，把类别作为自身成员之一就会产生矛盾

对信念或归纳总结反击其身

回应术模式中的“反击其身”（Apply to Self），是一个口头运用自我参考过程的例子，用来帮助反省和重新评估某些信念陈述。对信念反击其身，是根据该信念所界定的总结或准则来评估信念陈述本身。例如，如果有人说：“口说无凭，不能相信。”对其反击其身就可以这样说：“既然你说口说无凭，不能相信，那我想，你刚说的这个也不能信。”还有一个例子，如果有人说：“以偏概全是不对的。”可以回应：“你确定你刚刚得出的结论没错吗？”

对信念或总结反击其身的目的是发现这种信念与其自身的归纳总结是否一致。这是一种信念的“黄金守则”：“归纳总结对他人的有效程度，与对它自己的有效程度相等。”例如，一个人可以说：“地图不是实景，对这种信念也一样。它也仅仅是一张地图，别把它当成真相。”

对限制性信念反击其身，通常会产生自相矛盾，这会暴露出该信念不适用的领域。这是一句老谚语“以毒攻毒”的用法，有时候你就得“以子之矛攻子之盾”。

用反击其身模式处理潜在思想病毒的一个好例子，是 NLP 研讨会上一位参与者的挣扎。这位先生希望在说话语调上更灵活而有弹性，但他总是遇到很多的内在抗阻。他内在的一部分意识到，让自己的声音变得更有弹性是“合适的”，但每当尝试做点不同的事情时，他总是会觉得很可笑。这种内在冲突让他每当试图练习的时候就会意识到并且卡住。他在练习中的困难，导致越来越多的挫败感，不仅自己有挫败感，跟他一起参与练习的他人也有。

课程的两位 NLP 训练师注意到了他的问题，决定用混淆技术打破他的抗拒模式。于是让他做发音弹性示范练习。很自然的，他刚开始做练习时，内在的抗拒和冲突马上出现了。这时，一个训练师说："我了解你认为锻炼嗓音的弹性是合适的，但又担心这样做看起来会很可笑。我想知道你是想要合适的可笑还是可笑的合适？"这个提问一下子消除了年轻人的抗拒，他一时答不上来。另一个训练师借机说："你被这个问题搞得混乱是合适的，因为问这样的问题太可笑了。"而后第一个训练师说："但对一个可笑的问题合适地回应，难道不可笑吗？"另一个训练师回答："是的。但在这种很可笑的情境下，问一个可笑的问题很合适。"于是前一个训练师评论："这件事很可笑。我想只有当我们都处在可笑的情境下，并有必要合适地回应它，那才算合适。"第二个训练师反驳说："我知道我说的东西很可笑，但我认为，要想表现得合适，我就得显得可笑。事实上，有些情况下，表现得合适会很可笑。"而后两个训练师转向那个年轻人，问他："你怎么看？"

这人完全迷糊了，眼神茫然了一会儿后，开始大笑。这时，训练师说："来做练习吧。"他便能够完成练习而毫无内部干扰了。从某种意义上讲，混淆技术帮这个人对某些词句有问题的解释变得麻木。这让他能够根据不同准则自由地做出反应。以后无论何时，他的行为触发关于"适宜性"和"可笑性"的任何议题，他都只会笑一笑，能够以不同的、更有效的决策策略来做决定。

运用这种模式的另一个例子，是关于一位在生意上遇到困难的年轻人。他发现自己揽上的事情总是远远超出他的能力范围。引发他的动机策略后，我们发现，但凡他的客户、朋友或有关系的人提出能否帮忙做点事情，他便马上试图构建自己在帮他们做那些事情的心像。如果他能看到自己在那样做，他就会告诉自己应该去做，并开始承担这件事，虽然这会干扰他正在做的其他事情。

当问及年轻人，能否看见他没有在做他看见自己正在做的事情时，由于年轻人的策略被“延后”了，他随后进入迅速而深刻的催眠状态。NLP 咨询师教导年轻人从这种状态中获益，来对他的动机策略做一些更有效的测试和运用。

下面一段话引自《新约·福音书》的约翰篇（8：3 — 11），是回应术模式的反击其身救了一个女人性命的例子，非常有力和感人。

抄写员和犹太法利赛教徒们带了一个通奸的女人到他面前。他们把她推到中间，对他说：主，这个女人正在通奸时被抓获。摩西戒律命令我们，要用石头砸死她。你怎么说？

他们这样说，是想试探他，想为难他。但耶稣弯下腰，用手指在地上书写，就像没有听见一样。

他们继续问他，耶稣站起来说：你们当中谁是没有罪的，向她投第一块石头吧。而后他又弯下腰，在地上书写。

教徒们听到这句话后，被自己的良知触动了罪感，一个接一个走了出去，先是最年长的，一直到最后一个。只剩下耶稣，还有那个女人站在中央。

当耶稣站起来时，看到只有那个女人在面前，就对她说：女人，你的那些控告者哪里去了？没有人谴责你了？她说：没有了，上帝。耶稣说：那我也不谴责你。走吧，不要再犯罪。

耶稣所说的："你们当中谁是没有罪的，向她投第一块石头"，是典型的用信念的价值判断来反击其身的例子。这样，耶稣先把"通奸"向上归类到"有罪"，而后让大家将同样的准则和后果用于自身的行为。

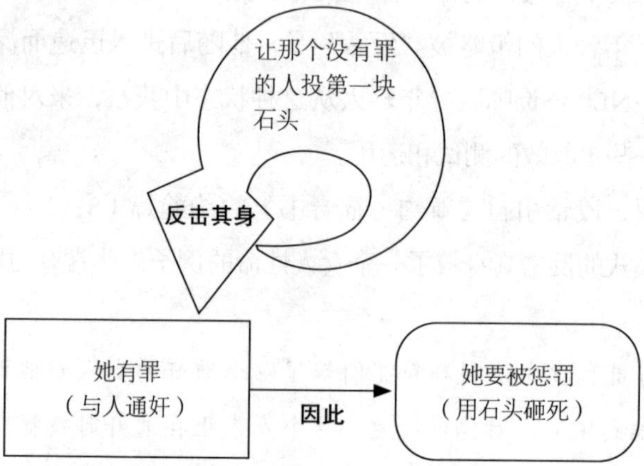
让那个没有罪
的人投第一块
石头
反击其身
她有罪
（与人通奸）
因此
她要被惩罚
（用石头砸死）

图 8–5 耶稣用"反击其身"救了一个女人的命

注意，耶稣并没有去挑战那个信念。但他破框了，使大家改变了他们的感知位置，拓宽了他们关于情境的地图，将自身的行为也包含进来。针对你自己的一种信念试用这个模式。首先，确保你用因果关系或复合等同陈述这种信念：

信念：____________________（是）________________________因为____________________________

例如：我学东西很慢，因为我要花时间去理解新的理念。

你如何根据这种信念所界定的总结或准则来评估这种信念？在

什么情况下，它可能是（或不是）自己的论断的例子？

例如：你花多长时间学到这个观念：你学东西很慢？

也许如果你花一些时间真正了解这个观念在不必要地限制你，你会开始内化你能够学习的新观念。

要对信念反击其身，有时你必须做非线性和非字面的思考。例如，如果有人说："我买不起这个，太贵了。"你要想反击其身，必须从更加隐喻的层面来做。你可以说："如果紧抱这种信念，最后可能要付出昂贵的代价。"或者说："你确定你负担得起这么强烈地抱住这种信念吗？它会让你无法从重要机会中获益。"

同样的，如果有人这样说："诊断为癌症就像接到死亡通告一样。"要反击其身，可以说："这种信念像癌细胞一样扩散了很多年了，也许到了它该死去的时候了。"

“超越”框架

对自身进行归纳总结，常常会把人引向对自己的思想信念的“超然位置”。NLP 中的“超然位置”概念是一种方法，是用自我参考过程来加快心理上的改变和成长。在超然位置上，人离开了自己的想法、行为和互动关系，并对自己的想法、行为和互动关系做出反应，从而获得新的洞察和理解，这会帮他采取更有效的行动。这有助于人们看清楚，信念就是一种“信念”，不必把它当成事实真相的唯一解释。

走到信念的“超然位置”，有一种最直接方式，就是运用“超越”框架。使用“超越”框架，是从现有的、个人化情境的框架之外，来评估信念，即建立关于信念的信念。例如，我们可以相信，有些其他信念是错误的或愚蠢的。“你只是想让我高兴才这样说的”这句话就是一个常见的例子：如何使用“超越”框架来贬损他人的正面陈述或评估。

对信念反击其身与“超越”框架之间的差别在于，反击其身是在用信念的内容（即信念所表达的价值观和总结）来评估信念本身，而在“超越”框架中，关于另一种信念的信念，其内容可以跟它所指的另一种信念完全不一样。

例如，考虑这个总结：“你得强壮，这样才能活下来。”如果对这种信念反击其身，可以这样说：“我不知道这种信念是不是足够强壮，能活到下一个千年。”另一方面，从它的“超越”框架入手，就可以这样说："那个信念更像是比较狭隘的、男权观点的反映，它没有看到生存中合作与灵活的重要性。"

"超越"框架是心理治疗和咨询中处理信念的常规策略，其间个人的信念会置于他／她的个人历史或其他社会影响的"超越"框架中。西格蒙德·弗洛伊德的心理分析技术是运用"超越"框架的典型例子。弗洛伊德将病人的抱怨放在他的理论框架中加以解释和"设立框架"。考虑下述引文，它来自弗洛伊德对某个个案工作的说明，案主有关于老鼠的强迫幻想（这个案例被称为"鼠人"）：

> 我向他指出，他应当理性地认识到，从任何意义上来说他都无法对他的性格特质负责，因为所有这些被谴责的冲动，都来自他的幼年，并且只是他的无意识中潜存的幼年性格的派生物；他必须了解，道德责任不能强加在孩子身上。

弗洛伊德将案主的想法"超越"框架为来自"无意识中潜存的幼年性格"的"被谴责的冲动"。而后弗洛伊德暗示，由于"道德责任不能强加在孩子身上"，案主不应为强迫性冲动而自责。

"超越"框架将个人观点转换为他／她的心理过程的观察者的观点，借此通常会减弱限制性信念的影响。

针对你自己的一种信念探索这个模式，想出一些限制你的信念、判断或总结。关于这种信念的信念是什么，可以改变或丰富你对这种信念的理解？

信念：＿＿＿＿＿＿＿＿＿＿＿＿＿＿＿＿＿＿＿＿＿＿＿＿

我有这种信念是因为＿＿＿＿＿＿＿＿＿＿＿＿＿＿＿＿＿＿＿

像所有其他回应术模式一样，“超越”框架也可以用来支持或强化鼓舞性信念。例如，有人想要建立这种信念：“我的聪慧和沟通能力会使我活下去。”支持性的“超越”框架可以是：“你持有这种信念，是因为你认识到信息时代永远改变了生存所必需的因素。”

逻辑层次

回应术模式中的“反击其身”和“超越”框架，其特点都是会触发注意力转向不同的思考层次。它们让我们更加意识到伯特兰·罗素所说的“逻辑类型”，以及一个事实：我们无法把类别与它的一个成员放在同一层次上处理。人类学家和沟通理论家葛利高里·贝特森把罗素的逻辑类型理论作为解释与解决关于行为、学习和沟通的一系列议题的方法。根据贝特森的观点，不同逻辑类型的概念对于理解游戏、高层次学习和病理思维模式至关重要。贝特森相信，主要是逻辑类型的混淆，造成了我们所说的“限制性信念”和思想病毒。

例如，贝特森指出，“游戏”包含着区分行为与信息的不同逻辑类型。贝特森强调，当动物和人类“游戏”时，他们通常会显示出与攻击、性及生活中其他更“严肃”的方面（比如动物“玩打架”，而孩子们玩“做医生”）相同的行为。不过，人和动物仍能被分清，游戏行为中的大部分是一种不同类型或类别的行为，而“不是真正的”行为。根据贝特森的观点，区分行为的类别，也要求有不同类别的信息。贝特森把这些信息称为“后设信息”——关于其他信息的信息——它们跟特定沟通内容属于不同的逻辑类型。他相信这些“较高层次”的信息（通常是在非语言沟通中使用），对于人和动物能够有效沟通和互动，至关重要。

例如，动物在游戏时，会用这样的信号来传递“这是游戏”的信息：摇尾巴，跳上跳下，或者做一些其他动作，来显示别把它们正做的事当真。它们的咬是游戏式的咬，不是真咬。对人类的研究显示，人类也会用某些信息让他人了解这是在玩，跟动物的方式很相似。人们口头上进行“无沟通”的交流，宣告“这仅仅是个游戏”；或者大笑、用胳膊肘轻推，或挤眉弄眼表示是在玩。

贝特森主张，出现许多问题和冲突，都是混淆或错误解释这些信息的结果。一个好例子是来自不同文化背景的人，在解释各自沟通中细微的非语言行为时遇到的困难。

事实上，在《精神分裂症的流行病学》一书中，贝特森再次强调，很多看似有精神病或“疯狂”的行为，其根源在于无法正确地识别和解释后设信息，无法区分不同行为的类别或逻辑类型。贝特森引用了一个年轻的心理疾病患者的例子。该病人来到医院的药房，柜台后的护士问他：“需要帮忙吗？”这个病人无法分清这种沟通是一种威胁，还是一种性诱惑；是对他走错了地方的警告，还是真实的询问等。

贝特森主张，如果人无法做出这样的区分，他们极有可能最后对情境做不合适的回应。他打比方说这就像电话转换系统，不能把“国家代码”跟“城市区号”及“本地号码”区分开。结果转换系统就会很不合适地把国家代码当成电话号码的一部分，或者把电话号码的一部分当成城市区号。这样做的后果极有可能是拨号者得到了“错误的号码”。虽然所有的数字（内容）都是对的，但混淆了数字的分类（形式），也会产生问题。

在《学习与沟通的逻辑分类》一书中，贝特森拓展了逻辑类型的概念，来解释学习和沟通中的不同类型和现象。他界定了所有改变过程中必须考虑的学习的两种基本类型或层次：“学习Ⅰ”（刺激—

反应型条件反射）和“学习Ⅱ”或者双重学习（deutero learning）（学习识别刺激所发生的更大情境，以便正确解释它的意义）。学习Ⅱ最基本的例子是设定学习，或者当动物成为“测试专家”时，也就是说，实验动物在加入同类的活动时，学习新任务会越来越快。这跟学习的行为类别有关，而不是单一孤立的行为。

例如，在回避式条件反射训练中，动物会越来越快地学会各种躲避行为。然而，它在学习“回应式”条件反射行为（例如：一听到铃声就流口水）时，会比早先就学过这种条件反射行为的动物要慢。也就是说，它能快速学会识别和远离可能会电击它的东西，但在学习一听到铃声就流口水上会慢一些；另一方面，利用巴甫洛夫式条件反射原理训练的动物，可以快速学会对新声音或颜色等流口水，但学习躲避带电的物体会比较慢。

贝特森指出，这种学习某种条件反射程序的模式与规则的能力，是学习方面的一个不同的“逻辑类型”，不适用于学习与其同样简单、具体的孤立行为时的“刺激—反应—强化”次序。贝特森强调，例如，用于强化老鼠的“探索”（学会学习的一种方式），与强化“测试”特定物体（探索的学习内容），有着不同的特性。他说道：

“你可以在一只老鼠学习了解特定的陌生物体时强化他（正强化或负强化），它会适当地学会该接近还是避开那个物体，但探索的真正目标是获得信息，什么样的物体该接近，什么样的物体要避开。因此发现某个物体很危险，就是获取信息方面的成功。这个成功不会阻碍老鼠以后去探索其他的陌生物体。”

探索能力、学习辨别任务的能力、具有创造性的能力，与组成这些能力的具体行为相比，是更高层次的学习——在这些较高的层次上，改变的动力和规则是不一样的。

由于贝特森的角色和其在NLP早期发展中的影响力，逻辑类型的概念也成了NLP中的重要概念。20世纪80年代，我采纳罗素和贝特森的观点，形成了人类的行为和变化中的逻辑层次和“身心—逻辑层次”概念。借用贝特森的观点，层次模型指出：像过程的不同逻辑类型一样，在个体和群体中也有自然的层次级别。每一个层次都综合、组织和指导着低于它的其他层次的特定活动。改变较高层次的一些东西，必然会向下“辐射”，促使较低的层次改变。但是，由于相邻的层次都属于整个历程的不同逻辑类型，改变较低层次的东西，不一定能影响到较高层次。例如，信念是由不同的规则组成和改变的，而不是行为的反映。奖赏或惩罚某种行为，不一定能改变一个人的信念，因为信念系统与行为属于不同类型的身心过程。

根据身心—逻辑层次模型，环境的影响是指引发我们行为的外部条件。然而，行为就像膝跳反射、习惯和仪式一样，没有任何内在的地图、计划或策略指导它们。在能力层次，我们能够选择、改变或适应一种行为或更广的外部情境。在信念/价值观层次，我们会鼓励、限制或产生特定的策略、计划或思维方式。当然，自我认同巩固了整个信念/价值观系统，形成自我感。精神层次与某种归属感有关：我们的身份是比我们自身更大的东西的一部分，以及我们比我们所属的更大系统的愿景。尽管各个层次都从具体的行为和感官体验中抽象化，但它实际上会对我们的行为和体验有越来越广泛的影响。

1. 环境因素确定了个体做出反应的外部机会或限制。回答了何处（where）和何时（when）的问题。

2. 行为由环境中所采取的特定行动和反应组成。回答了什么（what）的问题。

3. 能力通过心灵地图、计划或策略，为行为和行动提供指导并引领方向。回答了如何（how）的问题。

4. 信念 / 价值观提供了支持或否认能力的强化物（激励和允许）。回答了为什么（why）的问题。

5. 自我认同因素确定了整体目标（使命），并通过自我感塑造信念和价值观。回答了谁（who）的问题。

6. 精神议题与这个事实有关：我们是超越我们自身的更大系统的一部分，就像个体之于家庭、社会或全球系统。回答了为了谁（for whom）、为了什么（for what）的问题。

从 NLP 的观点看，上述每一个过程都包含了不同层次的组织和动员，成为神经“线路”中相继深化的动员（mobilization）和投入。

有趣的是，这个模型的一些促进因素来自教别人回应术模式。我发现有些人会比别人更难掌握某些陈述类型，虽然论断的那种判断在本质上是一样的。例如，比较下面的陈述：

你环境中的那个东西很危险。

你在那种情境下的行动很危险。

你不能做出有效的判断，这很危险。

你相信和重视的东西很危险。

你这个人很危险。

这类句式中对某些东西的判断是“很危险”。然而，大部分人的直觉是每个句子所暗示的“空间”和实景越来越大，他们对每个句子的情绪感受会越来越强。

有人告诉你，你的某种行为反应“很危险”，这跟告诉你，你是个“危险的人”大不一样。我注意到，如果我针对一种判断简单地不断更换用词，从环境、行为、能力、信念/价值观到自我认同，人们会越来越觉得被冒犯或被恭维，具体取决于判断的正面或负面特性。

自己尝试一下，想象有人对你说下面的每一句话：

你周围的环境很（愚蠢/难看/特别/美丽）。

那个情境下，你的行为很（愚蠢/难看/特别/美丽）。

你真的有能力变得（愚蠢/难看/特别/美丽）。

你相信和看重的东西很（愚蠢/难看/特别/美丽）。

你是（愚蠢/难看/特别/美丽）的。

再说一次，注意每句话所做的评估是一样的，仅仅是句子所指的人的某个特定方面在变化。

改变逻辑层次

最有效的回应术技巧之一，是从一个逻辑层次到另一个逻辑层次，重新分类特征或经验（即将一个人的自我认同与他的能力或行为分开）。负面的自我认同判断，常常来自把某些行为或无法产生某些行为解释为自我认同陈述。将负面的自我认同陈述改成对行为或能力的陈述，就会极大地减小它对我们心理和情绪的影响。

例如，有人可能为得了癌症而抑郁，并把自己当成“癌症受害者”。这可以用下述反应来换框：“你不是癌症受害者，你是一个尚未发展出足够的能力并从身心联结中受益的正常人。”这会帮他 / 她改变与疾病的关联，开放其他的可能性，让他 / 她将自己看作治疗过程的参与者。

同样的换框可以用在类似“我是个失败者”的信念上。可以说：“你不是‘失败者’，你只是还没有掌握成功所需的所有要素。”再说一次，这是将限制性的自我认同层次的判断，转换为更积极主动和可解决的框架。

可以用下列步骤设计这类换框：

1. 识别负面的自我判断：

我________________________________是（例如：“我是他人的负担”）。

2. 识别与自我判断中暗示的当前状态或渴求状态有关的能力或

行为：

________________________________的能力（例如："自己解决问题的能力"）。

3. 用能力或行为代替负面的自我判断：

可能不在于你是_______________负面的自我认同，如"他人的负担"），而是你还没有掌握能力____________________________（特定的能力或行为，如"自己解决问题"）。

当然，为了促进鼓舞性信念产生，可以倒转这个过程。行为和能力可以提升到自我认同层次的陈述。例如，可以说"你在那种情境下有能力创新，表明你是创新型的人"。其他的例子包括：生存→生存者；保持健康→健康的人；成功→成功者等。这种重新表述可以深化或强化人们对自己的资源的感觉。

第九章

系统运用各种模式

回应术模式的定义和举例

本书中我们已经探讨了一系列具体的回应术模式，以及产生和运用模式的能力背后潜藏的原则和方法。本章的目标是系统地概括它们，这可以用于谈话、咨询或辩论，帮助人们“开始质疑”限制性信念，而更加“开始接受”鼓舞性和有益的信念。有十四种不同的回应术模式，可以帮助人们转移注意力，从各个方向上拓宽地图。

考虑这种信念：“我已经相信这种信念这么久了，很难改变。”这实际上是一种很常见的信念，很多人试图在生活中做出改变时都需要与它抗争。尽管它反映了一个正确的观点，但如果只看字面意思或者做狭隘、僵化的解释，它会相当限制人。（它也相当迷惑人，因为这是一个关于其他信念以及改变信念过程的信念。这种“自我参考”的特征强化了它形成“循环”和成为思想病毒的可能性。）运用各种回应术模式，可以加入新的观点和拓宽关于这种信念的地图。

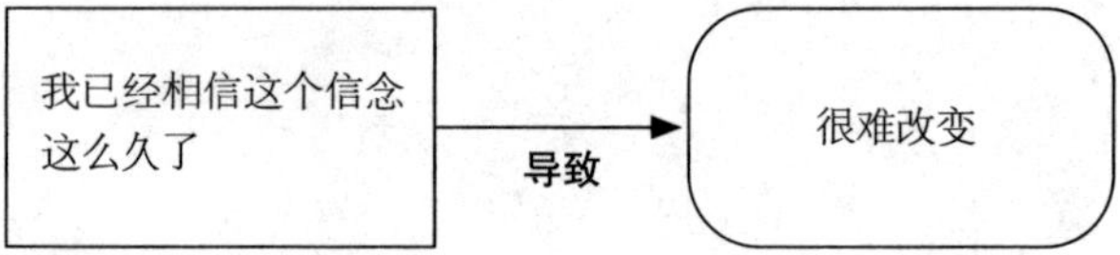

图 9–1　一个关于改变的限制性信念的结构

下面是十四种不同的回应术模式的定义，以及举例说明如何运用这种信念。再次声明，记住回应术模式的目标不是攻击某个人或某种信念，而是对信念换框，以此来拓展这个人的世界观，从而可以让他通过其他选择实现信念背后的正面意图。

1. 意图：将注意力引向信念背后的目标或意图。[见第二章]

例如："我非常赞赏和支持你想对自己诚实。"

正面意图＝"诚实"

"对改变信念持现实态度，这非常重要。我们来现实地看看这种信念，要改变它需要什么。"

正面意图＝"现实"

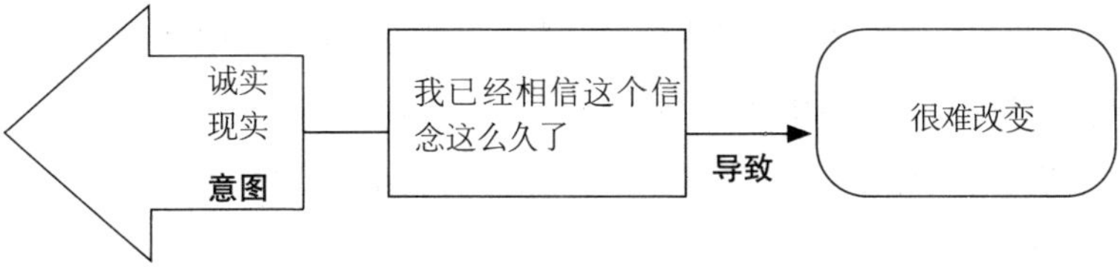

图 9–2　意图

2. 重新定义：用意思相近但含义不同的新词来代替信念陈述中所用的词。[见第二章]

例如："是的，你抱住不放某些东西，可以试着挑战自己放下它了。"

"相信了这么久"＝＞"抱住不放"

"很难改变"＝＞"试着挑战自己放下它"

"我同意要想超越熟悉的界限，一开始会觉得有些陌生。"

"信念"＝＞"熟悉的界限"

"很难改变"＝＞"要想超越，一开始会觉得陌生"

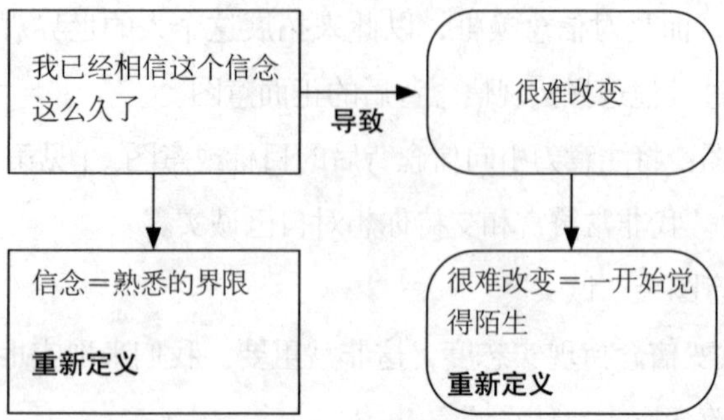

图 9–3　重新定义

3. 后果：将注意力引向信念的（正面或负面）影响，或者信念所界定的总结如何改变（或加强）信念。[见第五章]

例如："预期某些东西很难，你最后做的时候会发现其实容易得多。"

"真正承认我们的担心，会让我们能够放下它而专注于我们想要的。"

图 9–4　后果

4. 向下分类：分解信念的组成元素，将其拆成更小的片段，从而改变（或强化）信念所界定的总结。[见第三章]

例如："既然持有一种信念的时间较短会更容易改变，也许你可以回想你刚刚习惯这种信念的时候是怎样的，想象你那时已经改变了它。”

“长时间” = > “短时间”

“或许与其试图马上改变整个信念，不如一点一点地改变，那样更容易、更有趣。”

“改变信念” = > “一点一点地改变”

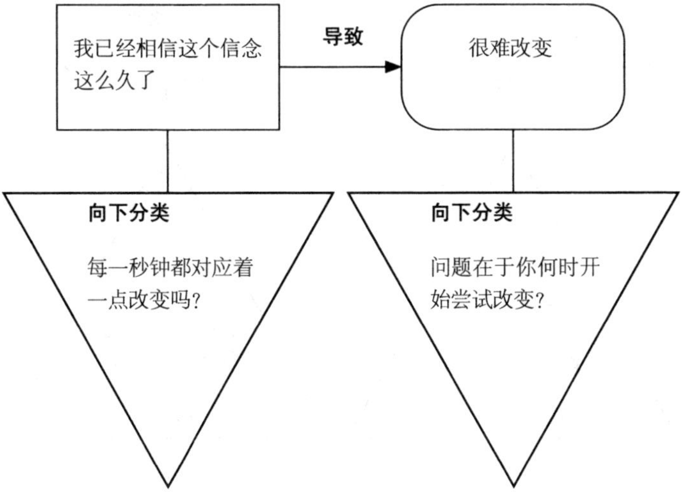
我已经相信这个信念这么久了
导致
很难改变
向下分类
每一秒钟都对应着一点改变吗？
向下分类
问题在于你何时开始尝试改变？

图 9–5　向下分类

5. 向上归类：将信念的某个要素总结和归类到更大的分类中，从而改变（或加强）信念所界定的关系。[见第三章]

例如：“过去不一定能准确地预测未来。知识跟自然更新的过程重新联结时，可以快速发展。”

“持有它很久了” = > “过去”　　“信念” = > “一种知识”

“很难” = > “未来”　　“改变” = > “与自然更新的过程

联结”

“所有改变的过程都有自然的周期，没法飞跃。问题在于，你这种信念的自然生命周期的长度是多少？”

“很难改变” ＝＞“自然周期无法飞跃”

“相信这种信念很久” ＝＞“信念的生命周期的长度”

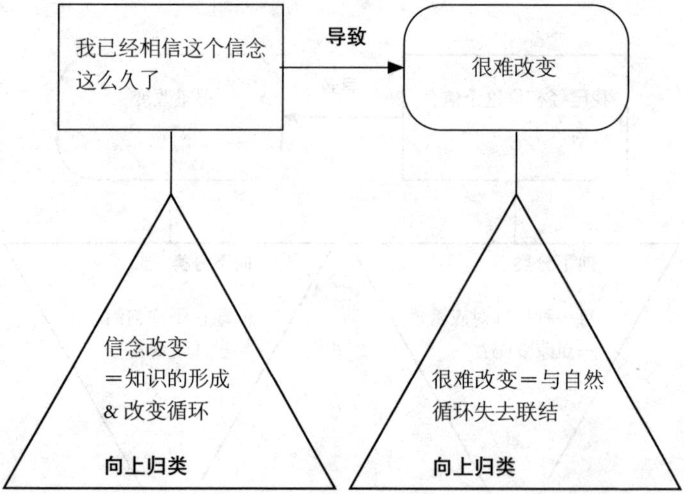
我已经相信这个信念这么久了
导致
很难改变
信念改变
＝知识的形成
& 改变循环
向上归类
很难改变＝与自然
循环失去联结
向上归类

图 9–6　向上归类

6. 比喻：找出与信念所界定的关系的类比，这个类比可以挑战（或强化）信念所界定的总结。[见第三章]

例如：“信念就像法律一样。只要有足够多的人为新东西投票，再老的法律也可以迅速改变。”

“信念就像计算机程序一样。问题不在于程序旧不旧，而在于你是不是懂得编程语言。”

“恐龙可能会吃惊它们自己的世界变化得有多快，虽然它们已经存在了很长时间。”

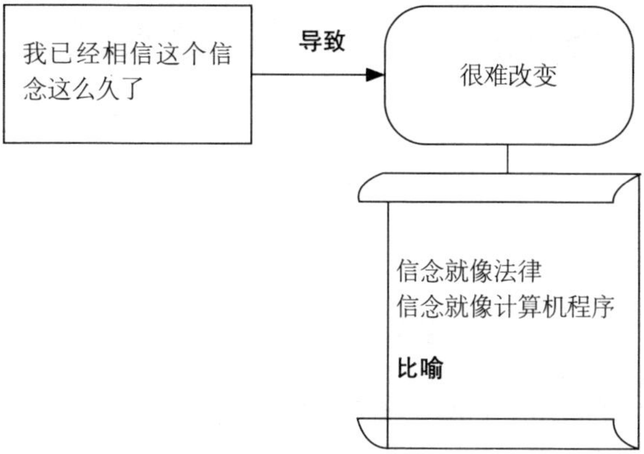
我已经相信这个信念这么久了
导致
很难改变
信念就像法律
信念就像计算机程序
比喻

图 9–7 比喻

7. 改变框架大小：从不同的情境重新评估（或强化）信念的含义，这些情境包括：更长（或更短）的“时间”框架、较大的人群（或个人观点）、更宽广或更狭窄的视野。[见第二章]

例如：“你可能不是第一个或唯一一个这样想的人，或许能够成功地改变这个想法的人越多，未来他人就越容易改变这种信念。”

“若干年之后，你可能很难想起你有过这样的信念。”

“我确信你的孩子会很欣赏你改变这种信念的努力，而不是把这种信念传给他们。”

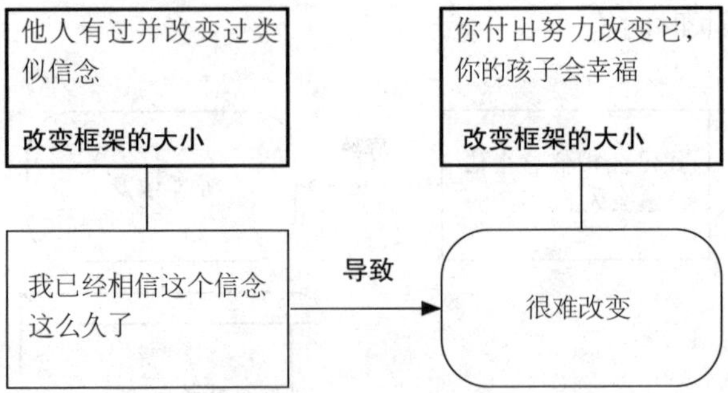
他人有过并改变过类似信念
改变框架的大小
你付出努力改变它，你的孩子会幸福
改变框架的大小
我已经相信这个信念这么久了
导致
很难改变

图 9–8　改变框架的大小

8. 另一个结果：转向一个不同的目标，而不是信念所确定或暗示的目标，以便挑战（或加强）信念的适宜性。[见第二章]

例如：“不需要改变信念。只要更新它就可以。”

“问题的关键不在于改变信念，而是让你的世界观跟现在的你一致。”

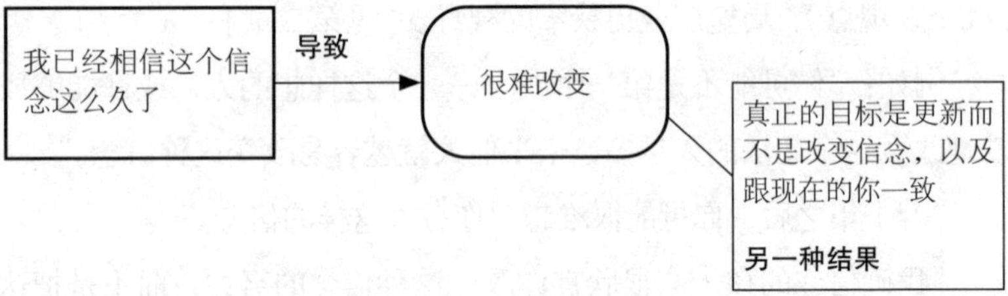
我已经相信这个信念这么久了
导致
很难改变
真正的目标是更新而不是改变信念，以及跟现在的你一致
另一种结果

图 9–9　另一种结果

9. 世界观：从不同的世界观的框架，重新评估（或强化）信念。[见第二章]

例如：“你很幸运。很多人都没有认识到他们的限制是信念造成的，完全可以改变。你已经比他们超前很多了。”

“艺术家经常把他们内心的挣扎变成创作灵感的源泉。我想知道，你改变信念的努力，可能会给你带来哪种创新？”

图 9–10　世界观

10. 现实检验策略：重新评估（或强化）信念所说明的事实，人们从对世界的认知中提取出这个事实，以便建立他们的信念。[见第四章]

例如：“详细说说，你是怎么知道你持有这种信念‘很长时间’了？”

“当你想着改变这种信念时，会看到或听到什么，让改变显得很‘困难’？”

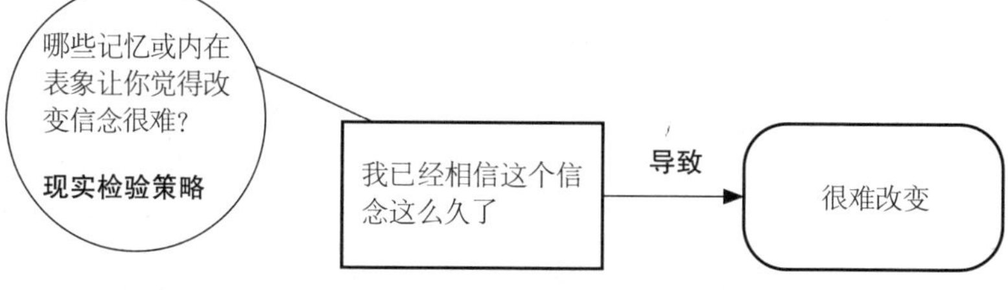

图 9–11　现实检验策略

11. 反例：找出一个例子或“违反规则的例外”，来挑战或丰富信念所界定的总结。[见第六章]

例如："很多其他心理过程（例如记忆），我们拥有它越久，它就越不那么强烈、越容易被扭曲和改变。为什么记忆这么不同？"

"我已经看到，当人们得到适宜的经验和支持时，可以立刻建立和改变很多信念。"

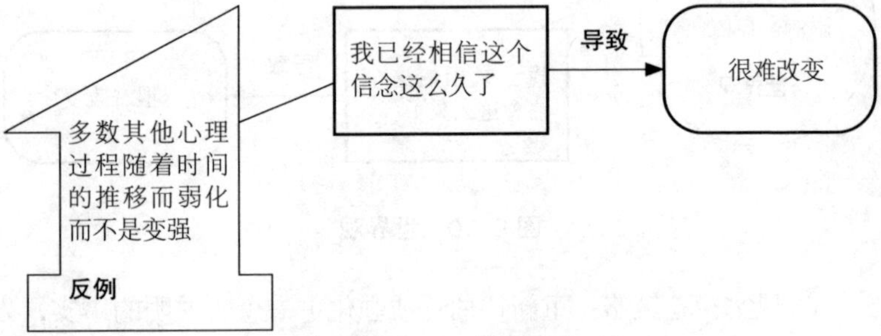

图 9–12 反例

12. 准则层次：找出信念所确认的准则，并根据比它更重要的其他准则重新评估（或强化）信念。[见第四章]

例如："信念适合和支持一个人的愿景与使命的程度，比有这种信念多久更加重要。"

"个体的一致性和完整性，值得付出任何努力去实现。"

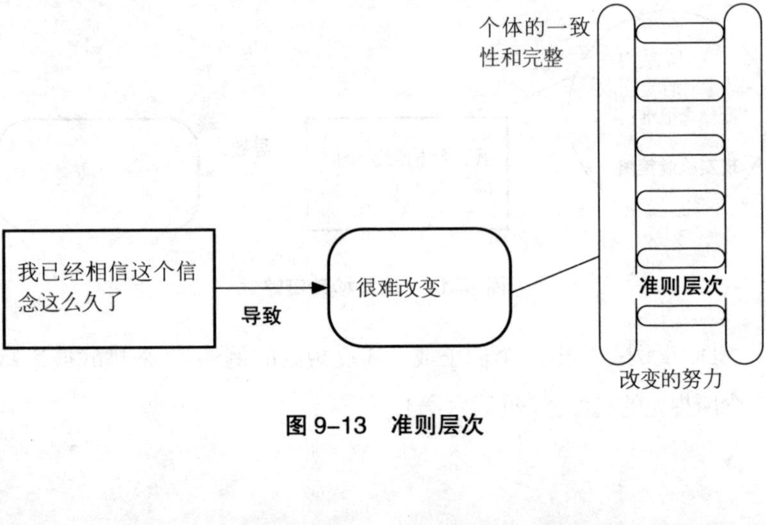

图 9–13 准则层次

13. 反击其身：根据信念所界定的关系或准则，重新评估信念陈述本身。[见第八章]

例如："改变信念的困难主要是时间问题，那你持有这个观点多久了？"

"时间长的归纳总结难以改变，你觉得改变你的这种信念有多难？"

14. "超越"框架：从动态的、个人化情境的框架重新评估信念——建立关于信念的信念。[见第八章]

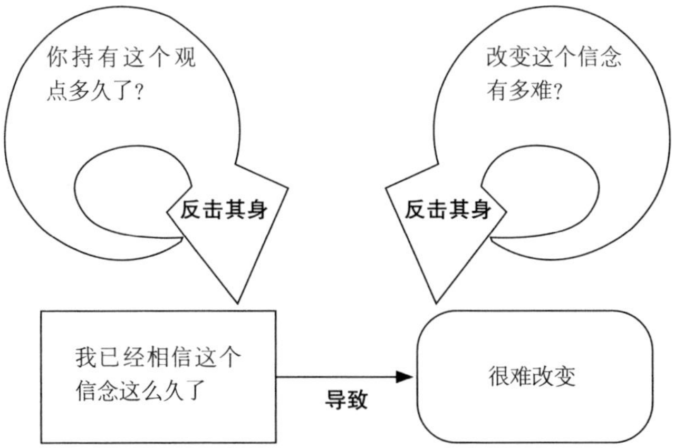

图 9–14 反击其身

例如："或许你有很难改变这个想法的信念，是因为以前你缺少轻松改变它们所需的工具和认识。"

"也许对你来说，你的这种信念——某个信念将难以改变，是让你停留在这里的好借口？也许你觉得现在的方式有你喜欢的地方，或者有些部分你喜欢？"

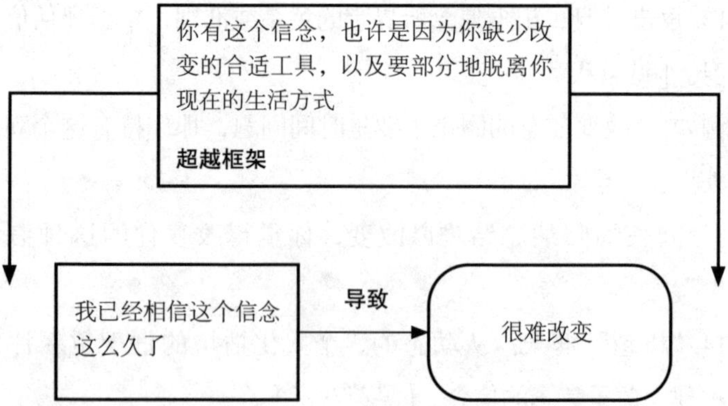
你有这个信念，也许是因为你缺少改变的合适工具，以及要部分地脱离你现在的生活方式
超越框架
我已经相信这个信念这么久了
导致
很难改变

图 9-15 “超越”框架

用回应术模式做系统干预

如图 9–16 所示，十四种回应术模式组成了干预系统，可以用于信念根本立足点的因果和复合等同陈述，以便“开始质疑”或“开始接受”某些归纳总结。

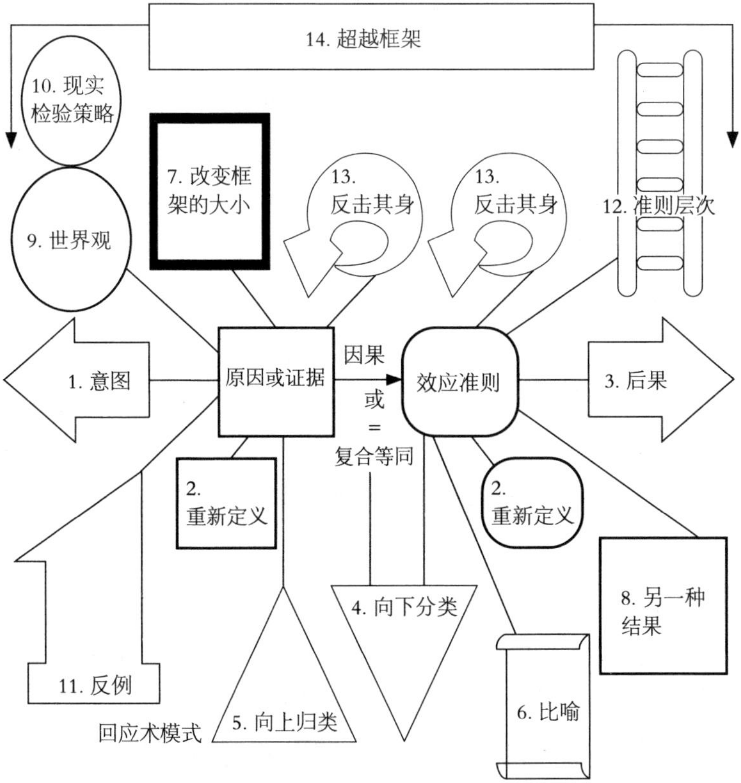

图 9–16　回应术模式的完整系统

将回应术用作系统模式

到现在为止，本书中我们探讨了如何运用个别的回应术模式，帮助人们更加“开始质疑”限制性信念和限制性总结，更加“开始接受”鼓舞性信念和鼓舞性总结。通常，在改变人们的态度和回应上，一个简单的回应术陈述就可以带来很大的不同。考虑这个例子，一位女性刚刚得知她得了一种罕见的癌症，结果医生都不确定该怎么治疗。在这种情况下，女士害怕有最坏的后果，几乎惊恐得要发狂。她咨询了NLP咨询师，咨询师告诉她：“在不寻常的环境下，会发生不寻常的事情。”（对总结反击其身）。这句简单的话，帮她改变了观点，可以让她将不确定性看作是可能会有利，而不一定是问题。由于这位女士的处境“不寻常”，她开始采取更多“自我指导”的行动，也从她的医生那里得到更多的自由，自行去做选择。这位女士在医生的最小干预下康复得很明显（同样“不寻常”），最终完全重获健康。

然而，回应术干预经常要求将几种模式合用，以便确定限制性信念的不同方面。在面对思想病毒时尤其如此。事实上，思想病毒本身的特点是牵制回应术模式的运用，以避免尝试去改变它们。举一个例子证实，我第一次意识到各种回应术模式的结构是在1980年，那时我正在华盛顿与NLP创始人之一理查德·班德勒一同主持一个研讨会。那时班德勒正在探讨的一个现象是“越过门槛”。当一个人与另一个人处在浓烈而亲近的关系中时间过长，忽然断绝跟另一个人的所有接触，决定不再见面或者不再跟他 / 她说话时，会有越过门槛的现象发生。这通常是由于另一个人越过了对他们的关系来说是“压死骆驼的最后稻草”的界限。为了一劳永逸地合理断绝关系，人们常常需要删减或扭曲曾与另一个人共享的正面体验。在班德勒称之为“翻照片”的过程中，人们会针对关于那段关系的记忆做负面换框。以前没注意到的有关另一个人的所有负面记忆、特点和习惯，都会进入人们意识中最醒目的位置，而正面的部分会隐退到背景中。

这个过程在结构上与思想病毒相似，它也不容易被经验或辩论推翻。人们会花大量精力在“问题”框架中保持他们对那段关系的记忆。班德勒开始探索有无可能在事发后“逆转”这个过程，以便有望为重新开始的更健康的关系创造可能性。

一个名叫“本”的来访者，志愿做示范。本正挣扎于他跟女朋友的关系，已经想跟女朋友分手。本想把这段关系中的所有麻烦都归咎于他的女朋友，看上去他想用“都是她的错”来结束这段关系。班德勒（那时他自己的婚姻也有麻烦）很有兴趣尝试帮本解决他的问题，说不定还能拯救这段关系。

结果发现，要说服本再给女朋友一次机会，给他们的关系一次机会，并不容易。虽然来访者本愿意合作来做示范，但他仍然非常善于阻碍班德勒所提出的可以用来重新考虑女友和他的关系的每一种选择、每一种可能性和每一个理由。本深信自己关于这种情况的内在地图是正确的，宣称自己已经一再地“测试过它”。

理查德没有觉得有挫败感，仍然决定以牙还牙，让本和其他听众象征性地进入女朋友的位置，来看看他们怎样解决这个问题。

研讨会在旅馆的房间里举行。像往常一样，理查德和本在一个临时搭建的舞台上共同工作，舞台是由若干个小讲台拼成一个较大的讲台。然而，有一个小讲台的一条腿不太稳。班德勒第一次踩到它时，那个讲台弯了，他被绊倒了。听众中的一个，我们可以叫他维克，冲过来扶住班德勒，并重新弄好了小讲台的腿。不幸的是，那条桌腿还是不行。班德勒与本互动了一会儿之后，又走到舞台的这个位置时，讲台的那个角落又弯了，理查德再次被绊倒。

当维克再次过来弄桌子腿时，班德勒对这个难以忍受的情境灵光一闪，发现有机会可以创造一个荒谬的情境，与本对他的女朋友所做的类似。理查德开始创建一种"偏执型"假定，认为他是被维克有意伤害的。为了保持他的偏执型思想病毒，班德勒以"问题"框架为导向，运用了本书所涉及的很多原则和语言换框技术。

这场即兴剧大致如下：

记录

理查德·班德勒：重搭这个台子的人出来。我再也不会相信你了。（对本说）他有机会，但没有好好检查。我再也不会信他了。看，他根本不关心我的未来。这是我对发生的事情所能做的唯一解释。他压根儿不关心我会不会摔断腿，是不是？我不会再让他为我做任何事。我是说，他把台子重新搭好，而我又受伤了，这样的事实你能怎么理解。要么他无能、愚蠢，要么他是故意的。不管是哪种，我都不想再跟他有任何关系。那样我只会受到伤害。要不是这样，那就还会有其他事儿。他怎么能这么对我？

（对维克说）你为什么要伤害我？嗯？

维克：我没有。

班德勒：那你为什么这样对我？

维克：哦，我……我把它重新弄好，好让你发现现在它像岩石一样坚固。

班德勒：但如果不是呢，如果我摔倒了，腿被摔断呢？

维克：现在弄好了，像岩石一样坚固。

班德勒：所以你想让我走到那儿去，拿我的性命冒险。

维克：我先去冒生命危险，这样行了吧？

班德勒：你知道，跟你相比，我得有多少次走在上面吗？上次我检查过它，就像是好的，然后我走上去，轰，我就摔那儿了。它又一次倒了。

维克：你踩在了右边。这个台子有点儿奇怪。

班德勒：是的，没错。只是我不明白。这对我来说没有任何意义。任何人对我这样做，都会打击我的内心。你看，你第一次做的时候，我以为你是来帮我的。你知道，一开始是那样。看上去每件事都很好。你想对我做什么，我一无所知。

听众＃1：以后你只要避开那个台子，就好了。

班德勒：瞧瞧，他想帮我。我从他那儿什么都得不到（指着维克）。他只会告诉我“再试一下”，是吗？但至少他（指着听众＃1）在告诉我要小心什么。而且，你知道，这可能不是我要担忧的唯一问题，还会有其他的。（对本说）他（听众＃1）是帮我的，嗯？

本（理解了这个隐喻）：我想他是……我还不确定。

班德勒：好，他可能会让我做得过火，但他的用意是好的。而这个家伙维克，他想让我还到那儿去，你听见没有？他想让我到那边，再来一次。

本：哦，我有些惊讶，他还是没有起来走到那上面。

班德勒：是的，我知道。我也注意到了。他根本没有去拿修补的东西，把台子移到一边儿去。现在我确实知道他想伤害我。你怎么想？这个家伙到我的研讨会上来，想杀掉我。他还在尝试。他还想说服我，那不是机关陷阱。

本：你已经给了他所有的机会来向你证明他不是有意害你。

班德勒：是的，我给了他一次又一次机会去尝试做些事情。

本：而他什么也没做，仅仅是坐在那儿。

听众＃2：你为什么觉得该把那个修补的台子放回去而不是移到一边？

班德勒：我不知道他为什么那样做。也许他不喜欢我。也许他想伤害我。也许他刚才没有在想以后该怎么伤害我。也许他就没想过我真的会受伤。我不想再待在这种人附近。

女听众＃1：是的，但如果他没有想过以后可能发生什么，那么，也许他不是故意那么做的。

班德勒：如果他没有考虑我的未来，他就不会第二次还那样做。他真的想把我拖进水深火热中去。

听众＃2：但你只有一个例子，没法儿那么确定。

班德勒：他做了两次！而且我给了他大把的机会可以向我证明，他没打算伤害我。他说他可以先走到那上面“拿他的生命冒险”。他那么做了吗？没有。他没有做。我也建议他把那个台子搬走。他也没做。他压根儿不关心我。他该受谴责。他想把它放在那儿，直到我踩上去摔倒。

女听众＃1：你们俩为何不去翻转那个讲台确认它可以用呢？让他跟你一起去检查一下。

班德勒：那么你想让我试着跟他一起工作，把台子翻过来，然后以后的三四天中我是那个必须站在上面的人。你是他那边的。我知道你一直帮他。看看你跟他坐在房间的同一边。

女听众＃1：那我跟他一道做……哦，你不信任我，因为你觉得我们（她和维克）是同盟。

班德勒：哦，是的，想让我看上去在妄想，是吗？他（维克）让你这么干的，不是吗？

女听众＃2：这一刻你想要什么？

班德勒：我什么都不要。我不想让它（讲台）放回开始的位置。现在太晚了。

女听众＃2：你不想再给他一次机会了？

班德勒：他有过机会。他不仅有过机会，我还给了他大把的机会。他没有好好用。你能怎么理解？他根本不关心。我不知道我会摔倒。我不知道他会在早上进来弄弯讲台的腿。我不知道这个家伙还会试图对我做些什么。把他赶出屋去。

听众＃1：我想你（班德勒）应该离开，因为他可能躲在外面。

班德勒：也许我应该躲起来。

听众＃3：什么让你认为你应当相信他（指听众＃1）？

班德勒：他做的事情，就是我会去做的事情。

听众＃3：没准儿他（维克）是个傻子。这有可能。

班德勒：你为什么替他找借口？（看着他不认同的这个人）他们都在第一排，他们每一个人。

女听众＃2：这是集体行动。成群的人在聚众滋事。

班德勒：哦。看哪，她也想让我显得在发狂。

女听众＃2：不是。我是关心为什么你觉得所有这些人都在针对你。

班德勒：别跟我来这个。（对维克说）现在，看看你惹的这些麻烦。（向听众）我告诉过你们，他想让大家互相伤害。（向维克）你是什么样的人啊？看看你让这两个人互相激战，逼得所有人都要选边站。

听众＃4：他用这样绕弯的方式来做，还真聪明。

班德勒：先生，他是个聪明人。

听众＃4：我们能比他聪明吗？

班德勒：我不知道。他害了我一次，害了我两次，天知道他还会害谁。

听众＃4：如果你当心他，也许你可以利用他的魔鬼天赋。

班德勒：那不值得。我只想待在人群周围，感觉发生的事情安全性更高一点。你知道，要没有那些糟心事儿，生活中会有无数个好东西。我该做什么？

听众＃4：好，只要他在这里，你就能看见他。

班德勒：我正在看他。到底有完没完？

维克：我把它挪到这里（开始移开那个小讲台）。

班德勒：他为什么想让我看起来很蠢？瞧，现在他想把事情弄得假装什么都没有发生过，他就可以再做一次。所以他可以让别人觉得他真的把它安全地放回去了，什么都好好的了。我该做什么？我不信任他。我该仅仅是断绝跟他的交往，永远不再跟他打交道吗？也许这是最好的做法。他可能再次对我做同样的事情。看，他甚至一直还坐在那儿。

女听众＃3：但你跟他之间没有正确的互动，所以无法相信他。

班德勒：我根本不想跟他有任何交流。

听众＃1：我不怪你。

班德勒：我是说……虽然拿来一个新台子，我也只能安全一会儿。也许他会把另一边的桌腿切断。我怎么会知道？

女听众＃3：你是怎么预先知道他会那么做呢？

班德勒：对，我不知道，但那不重要。重要的是他对我做过了，又把台子伪装起来好再来一次。虽然他不是有意这样想，但事情已经发生了。他就是这样让我觉得的。你看，我吓坏了。

女听众＃3：他是怎么让你这样感觉的？

班德勒：那不重要。重要的是我就是这样感觉的。如果他没做那些事，我不会感觉这么糟。现在我不得不仍然这样感觉。我试图给他机会去补救，但没有用。

女听众＃4：你能记起跟他在一起时你喜欢的事情吗？我是说，虽然你现在不喜欢他。

班德勒：是。那些事情肯定有，但以后再也不会有了。不会再有那样的感觉了，那不可能。我就不能再跟他有任何接触。我在过去六个月中改变了。

（向听众）你们打算怎么做，让我继续这样下去？因为如果你们不能修正我，我只好离开了。今天，明天，以后，我没法再主持任何工作坊。他可能会换个名字来参加其中一个。我再也不想遇到研讨会的参与者了。哦，上帝，别让我这样下去。

女听众＃3：这是你喜欢的方式吗？

班德勒：我不想这样。我想回到我自己的样子。

女听众＃3：你以前是什么样的？告诉我。

班德勒：我本来又自信又快乐。我喜欢与他人交往，相信他人。我再也不是以前的样子了。看看他对我做了些什么？（向维克）看看你在对我做了些什么？（向听众）但我别无办法。因为你们不帮我。

女听众＃3：你是说你别无办法，还是你不想做点儿别的？

班德勒：那有什么区别？我不知道该做什么。

听众＃4：他想对你做的，就是让你处在现在的状态。

班德勒：我知道他只是想感觉比我优越。有很多“谋杀领导”的人。以前我以为我可以小心照顾自己，保护自己，但人们可以设下这样的陷阱。我过去是那种以为每个人都有正面意图的人。过去我总是想每个人的好处，但今天我知道我错了。我受了伤，伤得比我想象的还要重，瞧瞧别人对我做了什么。现在我意识到有人想要伤害我。这真是不值。没人能帮我吗？

班德勒用因果和复合等同陈述建立了限制性信念，创立了"失败"框架和"问题"框架："维克令我几次受伤。他还会再这样做。这说明他有意伤害我，我不能再信任他。"

为了"合作"，维克直觉地试图将归纳总结与正面后果相连。

班德勒聚焦于维克的话的反例，夸大潜在的危险。

班德勒将"受伤"的后果向上归类到"摔断腿"，到"冒生命危险"。

维克试图"反击其身"。

班德勒拓宽"框架大小"来维持"问题"框架，并重建了负面反例的可能性。

维克向下分类，声明问题只跟舞台的一部分有关，试图对反例破框。

班德勒重新向上归类到互动的整个序列，聚焦于维克的意图，这样做的作用是改变讨论围绕的"结果"。

听众＃1跟随了班德勒的"问题"框架，并放大了框架的大小。

班德勒将听众的话用作对"问题"框架和限制性信念的肯定，并拓宽了"框架的大小"，把其他有"不良意图"的人包含了进来。

班德勒继续聚焦于"良好"意图对"不良"意图的模式。

本也跟随了班德勒的"问题"框架，指出维克的行为是他说的话的反例：维克宣称没有负面意图，并且相信舞台像"岩石一样坚固"。

班德勒趁机用本对限制性信念的肯定，将维克"伤害我"的"负面意图"向上归类为"想杀掉我”，朝“自我认同”层次转换。

本继续跟随班德勒的信念陈述，将“反例”向上归类，来挑战维克自称没有负面意图的声明。

班德勒继续向上归类。

反例被换框为“后果”，这确认了班德勒的负面信念。

听众#2对班德勒的部分限制性信念采取“超越”框架，以指出可能的假设。

班德勒从维克的“负面意图”也包括他“受限制的世界观”来分析其行为的可能原因，以此维持“问题”框架。

女听众#1想把班德勒的回应用作他对维克的负面意图信念的反例。

班德勒将焦点从意图转向“后果”来维持“问题”框架。

听众#2试图以向下分类找出反例。

班德勒又一次向上归类——声称已经给了维克“大把的机会”——并将维克的没有回应重新定义为维克“不关心”，又一次将其与负面后果相连（班德勒删减了事实：他告诉维克先到舞台上走一走不能“证明”维克的意图）。

女听众#1试图建立合作性的“反馈”框架，转向另一种结果：“检查”讲台，确认它“可以用”。

班德勒再次拓宽“框架”的大小（超越眼前的例子，提到“以后三四天”）来贬低潜在的解决方案。而后他将女听众寻求解决的尝试“超越”框架为她与维克共谋的证据（将他们坐在房间同一边的事实用作确定的后果）。

女听众#1意识到，班德勒的“超越”框架的后果是潜在否决了她挑战他信念的任何进一步尝试。

班德勒断言女听众#1的话的负面后果，深化了“问题”框架。

女听众#2直接尝试建立

“结果”框架，聚焦于下一刻的未来。

班德勒重新回到“问题”框架，将框架转回过去。

女听众#2做了另一个直接尝试，这一次是建立“反馈”框架。

班德勒又向上归类，拓展了他的“偏执型”信念的后果。

听众#1跟随了班德勒的“问题”框架（加上他关于维克的负面意图的断言），并且拓宽“问题”框架包含进了维克的未来行为。

听众#3转向“另一个结果”，质疑听众#1的真实性。

听众#3提出了关于维克行为的更正面的“超越”框架。

班德勒将听众#3的“超越”框架重新定义为给维克的行为找借口，继续拓宽偏执型“问题”框架。

女听众#2试图向上归类并扩大“框架”大小以便夸大问题信念，将其归纳总结化为问题。

班德勒将女听众#2的话置于“超越”框架中，宣称她有负面意图。

女听众#试图重新定义她的意图是正面的。

班德勒拓宽了“框架”，将注意力转回维克，重新断言维克的负面意图及其行为的负面后果。

听众#4建议转向可能发生的不同的注意焦点。

听众#4试图转向，聚焦未来和“结果”框架。

班德勒将时间“框架”改为过去，拓宽了框架，把旁边的人也包含进来。

听众#4试图将维克的负面意图重新定义为“魔鬼天赋”，将它放在“可以利用”的“结果”框架中。

班德勒转向“另一种结果”：关于他（班德勒的）自己的“安全”而不是维克的“聪明”，以便重建“问题”框架。

听众#4试图把时间“框架”的大小缩小到当前情境，以便满足“安全”的结果。

维克试图顺从班德勒移开讲台的要求，以此建立对班德勒的归纳总结的反例。

班德勒将维克的行为“超越”框架视为企图羞辱他，使他看起来很安全。班德勒用这个“框架”确认维克的负面意图、不能相信维克的理由，以及未来的潜在负面后果。

女听众＃3试图就班德勒的归纳总结建立另一个“超越”框架，提出他的结论来自受限制的经验。

班德勒运用对女听众的“超越”框架措辞的结论，瓦解了这个“超越”框架，创立了一种“循环论辩：“我不相信他，因为我跟他没有进行正确的互动；我不想跟他互动，因为我不相信他。”

班德勒再次改变“框架”的大小，将未来的长期负面后果包含进来，否决现在的任何解决方案。

女听众＃3试图针对班德勒对维克的行为的总结，建立“现实检验策略”。

班德勒不理会这个提问，立刻转向“另一种结果”，聚焦于维克的行为对他（班德勒的）内在状态的负面后果，而不提维克的意图。

女听众＃3再次试图对因果总结向下分类，建立班德勒用来形成总结的内在“等同”或策略。

班德勒转移焦点，从因果总结转向关于他的内在状态的后果。

女听众＃4试图引领班德勒针对他的内在状态及与维克的互动，找出过去的正面反例。

班德勒将“框架”转向他当前的负面内在状态，及预期中状态对未来造成影响的负面后果（从行为层次转向自我认同层次）。

班德勒继续向上归类，拓宽“框架”的大小，将情境重新定义为跟“修正我”有关，而不是确认维克的行动。

女听众#3做另一种尝试，直接建立更积极的未来取向的“结果”框架。

班德勒回到“问题”框架，将“框架”转向过去。

女听众#3试图将过去作为资源建立“结果”框架。

班德勒从过去转向现在，以维持“问题”框架。

女听众#3试图将“不能”重新定义为“不想”，暗示班德勒在能力层次比他所承认的有更多选择。

班德勒用一种准则层次断言，如果不知道“该做什么”，那么有无选择都没有区别。

听众#4试图将班德勒的“问题”从自我认同层次（“我不再是过去的样子”）重新定义（或“链接”）为行为反应层次（“你现在的状态”）。

班德勒把问题重新带回自我认同层次（维克是个谋杀领导的人），并以此强烈地重建和扩大，或者说向上归类他的“问题”框架。

用回应术创立和维持思想病毒

班德勒和听众的这种对话进行了相当长的时间，而没有什么进展。显然，班德勒做示范的主要意图是不惜一切代价维持“问题”框架。他的回应不是真的基于他所选择的信念的内容。他成功地“框定”了人们提出的每一个试图帮他找出解决方案的干预措施。

只要班德勒能控制这个“框架”，他就能决定互动的结果。他成功地把听众拖进了两难中：“如果你不试着帮我，那你错了；但如果你试着帮我，那你也错了。”这让一些人痛苦，让另一些人有了挫败感。[事实上，在回应班德勒的“没人能帮我吗”这个问题时，最后有位女士说：“我给你拿些鸡汤来好吗？”]

然而，随着互动的持续，我开始意识到理查德所做的是一个我可以复制的结构。我意识到，尽管互动的内容不一样，但在深层结构的层次上，这种对话我以前在很多不同的人身上遇到过很多次。这是一种创造和维持思想病毒的方式，对于想把限制性信念放回“结果”框架、“反馈”框架或“就像”框架的每一种尝试，它都会做负面的换框和破框。

例如，我意识到，班德勒通过系统地改变框架和框架的大小，来聚焦于听众的尝试干预中没有触及的部分。另一点也很明显，当人们尝试“跟随”“问题”框架，或信念背后意图的负面表述，来建立跟班德勒的“亲和感”时，这只会把他们带进更深的麻烦。

我也意识到班德勒在系统地（尽管是直觉地）运用一些语言模

式。我在研究重要的历史和政治人物如苏格拉底、卡尔·马克思、亚伯拉罕·林肯、甘地等人时，认识到了这些模式。对我来说，这些模式很明显可以用来防卫或挑战特定的信念与总结。

这个新认识把我带到了NLP模型中所说的“无意中领悟”（unconscious uptake）阶段的极限。下一步是尝试阐明我开始理解的模式。在这样做之前，我需要有意识地自己尝试这些模式，看看我能否在某种程度上复制班德勒的成果。NLP中有效模仿的一个关键条件是，在阐明它的相关特性之前，我们必须先内化想要模仿的能力。否则，我们仅仅是在做一个描述，反映的仅仅是过程的“表面结构”，而不是建立所需的深层直觉模型以便产生相应的能力。

一个月后我在芝加哥的NLP高级培训项目中遇到了机会。项目开展的第三天，我决定告知团体我要举例说明一套具有挑战性的新模式。下面是我模仿班德勒创作的即兴剧的节选（带点评）：

罗伯特：谁给我系的这个麦克风？是吉姆吗？吉姆在哪儿？他在针对我。他在洗手间吗？没准儿他在那里密谋反对我。他把这个东西系在我身上，你们都看见了它老是绊住我。他想让我绊倒，让我受伤，丧失老师的信誉，让你们笑话我。他想陷害我。我是说，这很明显，不是吗？有人帮我吗？他一会儿就会回到这里。（建立限制性信念：吉姆做了些事情使我可能受伤和受羞辱。因为它以前发生过，那它就会再次发生。他想害我，我有危险。）

听众1：如果他在针对你，你为什么要让他给你系麦克风？（反例：罗伯特所说的信念与行为的逻辑后果不一致。）

罗伯特：因为他知道你们都在这里。如果我制止他给我安放这个麦克风，你们都会以为我很偏执，那他就成功地在你们所有人面前让我丢脸了。（“超越”框架：如果我制止他，会显得我很奇怪。后果：你们会认为我很偏执。）

听众1：如果他没给你系麦克风，他就不会愚弄你？（向上归类，将“被电线绊倒并失去信誉”重新定义为“被愚弄”。试图通过断言重新定义的信念陈述的结果，来触发对信念的重新评估：既然安放麦克风使你显得很傻，如果没有那根电线，你就不会被愚弄了。）

罗伯特：你为什么问这么多问题？（向其他听众）你们知道吗？他穿着蓝色的衬衣和蓝色的牛仔裤，吉姆穿的也是蓝色衬衣和蓝色牛仔裤。你们站他那边吗？！他问我的那些问题让我开始紧张……来吧，你们得帮我，阴谋在加剧呢。（“超越”框架：你问那些问题，是在试图挑战我的信念，因为你跟吉姆是同谋。）

听众2：我同意你说的。他可能想让你在所有人面前尴尬。（跟随“问题”框架。）

罗伯特：他就是那样！既然你们能够了解情况有多危险，那就帮帮我。好。我需要你马上帮助我。现在做点儿什么！（后果：既然你同意我，你应该马上做些事。）

听众2：你觉得吉姆想做什么？（试图找出正面意图。）

罗伯特：我已经告诉过你他想干什么了！他想害我！（重新聚焦于负面意图。）

听众2：你认为他的目标是什么？（进一步向上归类，寻找正面意图。）

罗伯特：我告诉你了，他想伤害我，他想嘲弄我。（将负面意图向上归类到自我认同层次：“让我像个傻瓜”。）

听众2：这对他有什么好处？（转向另一种结果，寻找正面意图。）

罗伯特：我不知道他从中得到了什么。这个人显然疯了。没准儿在他的世界观里，伤害别人就能抬高他自己。（用不同的世界观的框架，链接负面意图。）

听众 2：也许我们该联系医院。（聚焦于“疯了”这个判断的后果，以尝试建立“结果”框架。）

罗伯特：别光坐在那儿给我建议，去给医院打电话，让他们把他带走。（对信念反击其身的一个精微版本：向说话者指示信念的后果。这也偏转了说话者提出的“结果”框架，于是罗伯特可以维持“问题”框架。）

听众 2：咱们一起打电话吧。（试图拓宽框架，将罗伯特包含进来。）

罗伯特：不，应该你来打。如果我给医院打电话，他们可能会以为我疯了。既然你了解我，我知道你会帮我给他们打电话的。（“超越”框架：第三方更可信。他们会以为我偏执，因为我将说明它发生在我身上。）

听众 2：什么会让他们觉得你疯了？（转向世界观并向下分类，以便找出可能的选择和反例。）

罗伯特：别傻了。你知道他们为什么会那么想！（以前提假设“你已经知道为什么”的方式，重新断言“超越”框架。）

听众 2：我认为你没疯。（试图提供眼前的反例。）

罗伯特：这不重要。我此时需要帮助！（转向另一种结果——“我现在需要帮助”。）

听众 3：如果你不再玩弄麦克风，会怎么样？（用信念所得出的因果总结，将注意力转向罗伯特自身行为的影响。）

罗伯特：（怀疑地）你让我这么做想干什么？（“超越”框架：你暗示我应该改变行为，说明你反对我。）

听众4:（大笑）她很奇怪。我也会照顾她的。

罗伯特：是啊……吉姆戴眼镜，她也戴眼镜。我能做什么？没人帮我吗？（扩大框架的大小。）

听众5：吉姆可以做些什么，让你不再认为他在针对你？（寻找基础以建立关于吉姆的限制性信念的反例。）

罗伯特：我不想改变对他的看法。我只想摆脱他。我已经知道他在针对我。看！这是证据！（拿起麦克风线。）你看不见吗？你不否认这是铁证，对吧？证据就在这里。帮帮我。（断言一个前提假设：吉姆有意害罗伯特，向下分类聚焦于麦克风线作为证据。）

听众6：好，我们先把你身上的麦克风拿掉。然后跟吉姆谈谈这件事。你需要马上解决对吧？（试图建立关于麦克风线和吉姆的意图的"结果"框架。）

罗伯特：但是，如果我拿掉麦克风线，他还会做其他事情。这只能治标，不能治本。他每天都给我安放这个东西。什么让你以为拿掉麦克风就能阻止他？（拓展"时间"框架来改变框架的大小，以便重新聚焦于"问题"框架及吉姆"负面意图"的后果。）

听众5：你需要什么才能了解他不是针对你？（试图向下分类，界定关于吉姆意图的信念的现实策略，并建立可能的反例。）

罗伯特：你们为什么一直想说服我，让我认为他没有在针对我？！我已经证明他在针对我了。我不想被说服他不是这样的。那只会让我陷入不幸。（"超越"框架：试图改变我的信念——他在针对我——会有负面后果。）

听众7：你想让我们帮你做什么？（试图直接建立"结果"框架。）

罗伯特：我仅仅是想被保护，不被他伤害。我自己没法做到这一点。我需要帮助。（用对于结果的轻微负面表达来维持"问题"框架。）

听众8：（激烈地）是的，但你注意到没有，这个电线一直在那儿。这是你可以保护自己安全的第一步！（试图用罗伯特的信念的后果，建立“反馈”框架——直接对信念反击其身——将罗伯特带离“受害者”位置。）

罗伯特：有人开始冲我喊叫，这真让我紧张。（“超越”框架听众的评论，将注意力放在罗伯特内在状态的非语言部分的后果上。）

听众7：你怎么样会知道你不会受到吉姆的伤害？（向下分类试图建立“结果”框架和“反馈”框架，并建立“安全”的关键等同性。）

罗伯特：只要他在那儿，我就不可能安全。立刻让他走。（回到向上归类重新断言“问题”框架及其后果。）

听众9：你为什么仍然带着那个电线，虽然它很危险？（又向下分类，将注意力从吉姆转向“电线”，了解罗伯特的意图以便建立“结果”框架。“不安全”也被重新定义为“危险”。）

罗伯特：只有在我走动的时候麦克风才有危险。重要的是，这只是吉姆想要害我的另一种方式。（“超越”框架并改变框架的大小，以便将注意力从麦克风线转回吉姆的负面意图。）

听众9：所以那个电线让你知道他试图害你？（向下分类做现实策略检验，吉姆意图的总结与电线是怎样联系在一起的。）

罗伯特：电线不能让我明白任何事。我已经知道他在针对我。你想要让我迷惑吗？（向听众）我想她是疯了。（向听众9）我觉得很迷糊，你一定疯了。来吧，你们这些所谓的NLP咨询师，你们为什么不帮我？（完全集中注意于吉姆的负面意图，认为这就是“危险”的原因。在罗伯特的内在状态——“我很迷糊”，对他人的判断——“你一定是疯了”之间做了复合等同。同样的，罗伯特也把他的问题状态的责任推给了听众。）

听众 6（大笑）：我也开始害怕吉姆了。

罗伯特：那当然。（向听众）他是你们当中唯一有脑子的人。他将会帮我摆脱吉姆。（挑明了接受罗伯特的“问题”框架的问题后果。）

听众 10：如果他给你系上麦克风，就说明他在针对你，那么……（将麦克风问题重新定义为“系上”。）

罗伯特：不。你忽略了整个问题的重点所在。他不是说给我“系上”东西。他知道在整个课程中我最终会被线绊倒。（挑战重新定义。）

听众 10：你能阻止的唯一方式就是摆脱他？（检验反例。）

罗伯特：对！

听众 10：那么，你旁边系着线可能是件好事，这样你就不会发疯或杀掉他。（将“摆脱”重新定义为“杀掉”，以针对电线建立正面后果。）

罗伯特：我不想杀他！我只想保护自己不被他伤害。你想干什么，把我变成谋杀犯吗？懂了吗？！吉姆做的那些羞辱我的事情起作用了。他已经让你以为我想去害他了。（“超越”框架：你把“摆脱他”重新定义为“杀掉他”，这强化了我的限制性信念和“问题”框架。）

像上述例子所记录的，我可以在某种程度上重述班德勒在华盛顿的项目中所做的事情。从那次研讨会回来之后，我才清楚地表述了由十四种模式构成的回应术模式系统，这基于我从班德勒的成效中直觉地内化出来的东西。

回应术与必需的多样性法则

这些关于回应术的最早体验，让我清楚地知道，无论是保持特定信念还是对其破框，本质上是运用信念系统必需的多样性法则。根据必需的多样性法则，如果你想始终如一地达成特定的目标状态，你必须增加实现该目标的可能选项的比例，达到系统中有潜在的可变性（包括可能的抗拒）的程度。意思是说，在达成目标的运作中，可变性很重要——虽然那些运作在过去产生了成功的结果——因为系统倾向于改变和变更。

“如果你一再重复过去的做法，你只会一再得到同样的结果”，这句话常被人们反复提起。但你都不一定能“一再得到同样的结果”。如果周围的系统变了，同样的做法不一定有同样的结果。很明显，如果你平常上班的路上交通堵塞或有修路工程，如果你“重复过去的做法”，你将无法准时到达。你需要找到替代路线。大城市中，如果常规路线遇到阻塞，出租车司机通常知道去机场或某个街道的多条路线。

“必需的多样性”的必需性可能在我们身体的基本生物学中最为明显。折磨我们的生物学杀手之所以危险，不是由于它们现在很强大，而是由于它们的“必需的多样性”，而我们缺少“必需的多样性”来控制它们。让癌症很危险的，是它的变异程度和适应性。癌细胞可以快速改变其细胞，使之能够很快适应不同的环境。当我们的免疫系统无法产生识别和有效“吸收”不断繁殖的癌细胞所需的变化调整时，癌症就开始威胁生命。肿瘤学领域在治疗癌症的尝试中面临了阻碍，因为相比试图用来摧毁癌细胞的强大的化学药物和放疗来说，癌细胞具有更强的必需的多样性。一开始，这些治疗能够有效地杀死很多癌细胞（不幸的是，它同样能杀死很多健康细胞）。然而，癌细胞是可变的，最终会对这些治疗产生抵抗力，导致癌症复发。试用更强、更致命的化学方法，到某个程度，治疗会对病人构成生命威胁，从而在医学上束手无策。

艾滋病病毒带来了类似的问题。像癌症一样，艾滋病病毒极其灵活而有适应性，因而很难用化学治疗对付它。病毒本身会影响免疫系统，减少免疫系统的弹性。需要强调的是，艾滋病病毒并不会摧毁人体的整个免疫系统，仅仅是影响免疫系统的一部分。艾滋病病毒携带者每天仍会抵挡很多感染和疾病。艾滋病病毒影响的是免疫系统的适应性。近期的研究显示，在健康人身上，几乎一半的免疫系统细胞被“预编程序”，可以对特定疾病做出反应。另一半没有预先设定，只要它们能够适应新挑战，就可以对任何特殊的东西做出反应。在艾滋病病毒携带者的身体里，这个比率变了，几乎 80%的免疫细胞被“预编程序”，只有 20%的细胞是非特定的，可以自由地学习和适应新情况。被艾滋病病毒影响的细胞，是那些赋予了免疫系统“必需的多样性”的细胞。

“必需的多样性”法则的含义之一是增强免疫系统调节的多样性，可以最有效地应对疾病。健康的免疫系统，本质上是一个有效的学习组织。事实上，对艾滋病病毒自然免疫的人，已经拥有了具有确认该病毒的“必需的多样性”的免疫系统。这样，问题不在于免疫系统的“力量”，而在于它做回应的灵活程度。

如果我们把这个比喻拓展到思想病毒的概念上，我们就会开始认识到，最灵活的人将是主导互动的人。这样，回应术模式是一种方式，帮助那些想要转换和治疗限制性信念与思想病毒，并强化和促进鼓舞性信念的人，增强“必需的多样性”。回应术模式提供了一种方法，来增强我们的心理“免疫系统”的灵活性。它们帮助我们更好地理解持有思想病毒的信念系统的结构。更有创造性的回应和换框，有助于“吸收”与转换那些限制性信念。

用回应术换框和破框思想病毒

例如，一旦我们更加熟悉了持有潜在思想病毒的信念系统，我们便可以更好地找到有效的换框方式，将限制性信念放回“结果”框架或“反馈”框架中。各种回应术模式，可以帮我们以更具策略（而不是反射性）的态度接近限制性信念系统。

我们来考虑一下，如何用回应术模式的形式，来更有效地处理本章中提到的例子中的偏执型思想病毒。这种思想病毒的基本限制性信念的本质类似于这样：

“×× 做了些事情，让我不止一次受伤。因为它以前发生过，它还会再次发生。×× 有意要伤害我，我有危险。”

学习和运用回应术的一种最好方式，是考虑关于各种回应术模式的关键问题。从某种意义上讲，每一种回应术模式都可以被看作是关键问题的一个答案，它们会导向不同的观点和感知位置。下列例子证实了，如何通过探索关键问题的答案来识别和形成回应术换框。这些换框的目标是找到一种方式在说话者的自我认同和正面意图层次上再次肯定他 / 她；同时，以“结果”框架或“反馈”框架重新表达该信念。

限制性信念：“×× 做了些事情，让我不止一次受伤。因为它以前发生过，它还会再次发生。×× 有意要伤害我，我有危险。”

1. 意图：这种信念的正面目标或意图是什么？

当你关注你的安全时，有很多方式可以发展力量感和控制感。

（意图＝“发展力量感和控制感”）

尽你所能确认人们行为的正当性、做的事情正确，这很重要。

（意图＝“尽你所能确认人们行为的正当性、做的事情正确”）

2. 重新定义：信念陈述中所用的词，可以被替换成其他什么意思相近但有着较正面含义的词？

我想你应当做你所能做的每一件事来避免成为受害者。

（“×× 有意要伤害我，我有危险”＝＞“我是受害者。”）

这是一个挑战，需要用勇气、支持和智慧去面对。

（“有危险”＝＞“一个挑战”）

限制性信念：“×× 做了些事情，让我不止一次受伤。因为它以前发生过，它还会再次发生。×× 有意要伤害我，我有危险。”

3. 后果：这种信念或信念所界定的关系，有何正面影响？

只要你知道如何识别危险情境并寻求帮助，未来就不太会再受伤害。这是从受害者变成英雄的第一步。

了解你现在所知道的，以后会让你不再被人利用。

4. 向下分类：什么较小的要素或片段是由信念暗示的，同时它们有着比信念所界定的更丰富或正面的关系？

要有效处理这种情况，重要的是要确定是否随着每次伤害加大，危险程度也在加深，或者现在你仍处在跟你第一次受伤同样的危险程度。

当你说 ×× “有意”伤害你的时候，你是说 ×× 的大脑中有一个关于做一些有害于你的事情的画面吗？如果是，这个画面的哪一部分是最危险的，×× 会如何在那个画面中采取行动？你觉得是什么让 ×× 大脑里有这样的画面？

5. 向上归类：这种信念暗示了什么较大的要素或片段，同时它们有着比信念所界定的更丰富或正面的关系？

紧张感通常是激励我们改变的基础。就像卡尔·荣格（Carl Gustav Jung）说的：“没有痛苦，我们就觉悟不到任何事情。”

（“伤害”＝＞“紧张感”“痛苦”）

当我们面临生活风险时，应对不舒服情况的经验是一种让我们成为更强大、更有能力的人的方式。

（“伤害”＝＞“不舒服”“危险”＝＞“生活风险”）

6. 比喻：什么是与信念所界定的关系相似（信念的隐喻），但有着不同含义的关系？

学会掌握人际关系，就像我们孩提时骑自行车摔倒了能学会自己站起来一样，那时我们不管膝盖被蹭破，决心继续尝试直到我们能够保持平衡，对自行车生气地说它伤害了我们没什么好处。

应对别人的意图有点儿像斗牛士。为了安全起见，我们得知道什么会吸引公牛注意我们，我们要引导公牛的注意力，并且学会在看见它开始冲向我们的时候闪开。

限制性信念："×× 做了些事情，让我不止一次受伤。因为它以前发生过，它还会再次发生。×× 有意要伤害我，我有危险。"

7. 改变框架的大小：是否有更长（或更短）的"时间"框架、更大或更小的人群、较宽广或较狭窄的视野，可以改变信念的意义，让某些东西更积极？

如何应对被人伤害的痛苦，仍然是我们需要确认和解决的最有挑战的问题之一。在全球和个人层面，都会持续有暴力、战争和种族屠杀，直到我们能够用智慧和慈悲来应对为止。

每个人都应该学会如何处理同伴的阴影面，我相信，当你在生命的尽头回顾这件事，你会发现它仅仅是你人生路上小小的颠簸而已。

8. 另一种结果：有何其他结果或议题比信念所陈述和暗示的这些更相关？

结果不在于如何避免被同一个人再次伤害，而是发展你所需的技能，以便不管别人想什么或做什么，你都可以很安全。

对我来说，问题不在于一个人的意图是什么，而在于什么会让他/她改变意图。

9. 世界观：何种不同的世界观可以提供对信念的不同观点？

社会生物学家会指出，你的危险的来源是 ×× 的荷尔蒙的进化，而不是你或他所认为的他有意识的意图。

想象一下世界上所有那些要不断应对社会压迫的现实的人——比如种族和宗教迫害的人。他们可能会很欢迎这样的情境：只需要处理一个确定的人的负面意图和行为。

10. 现实检验策略：建立这种信念需要对世界有什么样的认知观点？人需要如何理解世界，这种信念才会成真？

当你回顾每次伤害时，是分别回想每一个，还是混合在一起回想？你是从你自己的观点回忆它们，还是看到它们混杂在一起，就像在看关于你生活的一部电影？

已经结束的过去事件的记忆和对未来可能发生也可能不发生的事件的想象，哪个让你觉得更危险？

限制性信念："×× 做了些事情，让我不止一次受伤。因为它以前发生过，它还会再次发生。×× 有意要伤害我，我有危险。"

11. 反例：什么样的例子或体验，是信念所界定的规则的例外情况？

假如事情以前没有发生过，我们就不用担心其成立。那么，我们可能正处在尚未发生的事情的重大危险中，需要为任何可能性做好准备。

要想真正安全，重要的是得了解那些有正面意图、也从未伤害过我们的人可能同样危险。想想所有那些在交通事故中无意间杀人的人。还有那句谚语："通往地狱的路是良好的意图铺就的。"

12. 准则层次：比信念所确认的准则更重要，但尚未考虑的潜在准则是什么？

我总是发现，要想成功地走上我所选择和承诺的路，需要哪些的资源，这比担心别人的意图带来的短暂伤害要重要得多。

你是否想过，我们不要成为恐惧的奴隶，比避开某些时候不可避免的伤害更重要吗？

13. 反击其身：如何根据信念所界定的关系或准则评估这种信念陈述？

既然负面意图这么有害和有危险，那有一点很重要，我们要清楚地知道我们理解和执行自己意图的方式。你确定你的判断出自正面意图吗？当我们把自己对别人负面意图的信念作为判断依据，像他 / 她对待我们一样对待他 / 她时，我们就变得跟他 / 她一样了。

认为只是那些曾经伤害过我们的人有危险，这个想法本身就很危险。让内在信念驱使我们一遍又一遍重新体验过去的伤害，它造成的痛苦与我们之外有消极意图的人造成的痛苦一样多。

14. "超越"框架：关于这种信念的其他什么信念，可以改变或丰富这种信念的观点吗？

研究表明，人们害怕他人和他人的意图这很自然，直到我们能够发展出足够的自尊和对自身能力的自信。

只要你对××的行为和意图保持“问题”框架，你就注定要承受后果。当你准备“好转”向“结果”框架，你会开始发现很多可能的解决之道。

练习回应术

自己练习使用这些回应术的提问。下述工作表提供了提问范例，可以用来确定和形成回应术换框。先写下一个你愿意使用的限制性信念陈述。确定这是一个完整的信念陈述，具有复合等同或因果论断的形式。典型的结构会是：

指代（是）	判断	因为	理由。
我	不好		复合等同
你	无能		因果
他们	不值得		
它	不可能		

记住，你的回答的目标是重新肯定持有该信念的人的自我认同和正面意图，或者肯定其本人，同时以“结果”框架或“反馈”框架重新表达信念。

回应术工作表

限制性信念：________________________意味着 / 导致

____

1. 意图：这种信念的正面目标或意图是什么？

____

2. 重新定义：信念陈述中所用的字，可以被替换成其他什么意思相近，但有着较正面含义的字？

3. 后果：这种信念或信念所界定的关系，有何正面影响？

4. 向下分类：什么较小的要素或片段是由这种信念暗示的，同时它们有着比信念所界定的更丰富或正面的关系？

5. 向上归类：什么较大的要素或片段是由这种信念暗示的，同时它们有着比信念所界定的更丰富或正面的关系？

6. 比喻：什么是与信念所界定的关系相似（信念的隐喻）但有着不同含义的关系？

7. 改变框架的大小：是否有更长（或更短）的“时间”框架、更大或更小的人群、较广阔或狭窄的视野，可以改变信念的意义，让某些东西更积极？

8. 另一种结果：有何其他结果或议题，比信念所陈述和暗示的这些更相关？

9. 世界观：何种不同的世界观，能提供一个非常不同的观点来看待这种信念？

10. 现实检验策略：建立这种信念需要对世界有什么样的认识？人需要如何理解世界，这种信念才会成真？

11. 反例：什么样的例子或体验是信念所界定的规则的例外情况？

---

12. 准则层次：比信念所确认的准则更重要，但尚未考虑的潜在准则是什么？

---

13. 反击其身：如何根据信念所界定的关系或准则，来评估这种信念陈述？

---

14. “超越”框架：关于这种信念的其他什么信念，可以改变或丰富这种信念的观点？

示例

例如，看一个常见的限制性信念：“癌症会导致死亡。”下面的例子证实了如何用这些提问产生各种回应术，可以提供其他观点。记住某种回应术陈述的最终效果，主要取决于说出它时的语音、语调，以及说者和听者之间的亲和感程度。

信念：“癌症会导致死亡。”

1. 意图——我知道你想打消错误的希望，但你可能完全阻碍了所有希望。

2. 重新定义——最终不是癌症导致死亡，而是免疫系统的崩溃让人死亡。咱们想想办法来改善免疫系统吧。

我们对癌症的理解肯定会导致恐惧和无望，这会让活下去变得更难。

3. 后果——不幸的，像这样的信念很容易成为“自我实现的预言”，因为人们会停止寻找其他机会和选择。

4. 向下归类——我经常会好奇，每个癌细胞里有多少会“死亡”？

5. 向上归类——你是说系统中某一小部分的变化或者突变，总是会导致整个系统毁灭吗?

6. 比喻——癌症就像一块野草丛生的绿地，因为没有足够的羊把草吃掉。你的免疫系统中的白细胞就像羊群。如果由于有压力、缺乏锻炼、营养不良等减少了羊群的数目，草就会疯长，变成野草。如果你能够增加羊群的数目，在绿地上放牧，就能恢复生态平衡。

7. 改变框架的大小——如果每个人都有这样的信念，我们就找不到痊愈者了。这是你希望你的孩子持有的信念吗?

8. 另一种结果——真正的问题不在于癌症是否致死，而在于什么能使生命有价值。

9. 世界观——很多医疗界人士都相信，所有人在所有时间里都有一些异种细胞，只有在我们的免疫系统薄弱的时候才会产生问题。他们主张出现恶化仅仅是决定生命长度的复合因素之一，这些复合因素包括营养、态度、压力和合适的治疗，等等。

10. 现实检验策略——你如何向自己具体描绘这种信念? 在你的画面中，癌症是聪明的入侵者吗? 身体回应的内在表象是哪一种? 你看到身体和免疫系统比癌症更智慧吗?

11. 反例——有越来越多的例子证明，得了癌症的人生存了下来，而且很健康地活了很多年。这种信念是怎么解释他们的情况的?

12. 准则层次——也许更重要的是聚焦于我们的生活目标和使命，而不是我们能活多久。

13. 反击其身——这种信念在过去数年就像癌症一样传播，如果太相信它，这可真是足以致死的信念。如果能看到它怎么消失，那会很有趣。

14. "超越"框架——由于没有一个模式能探索和检验影响生死过程的所有复杂变数，我们才会产生这样过分简化的信念。

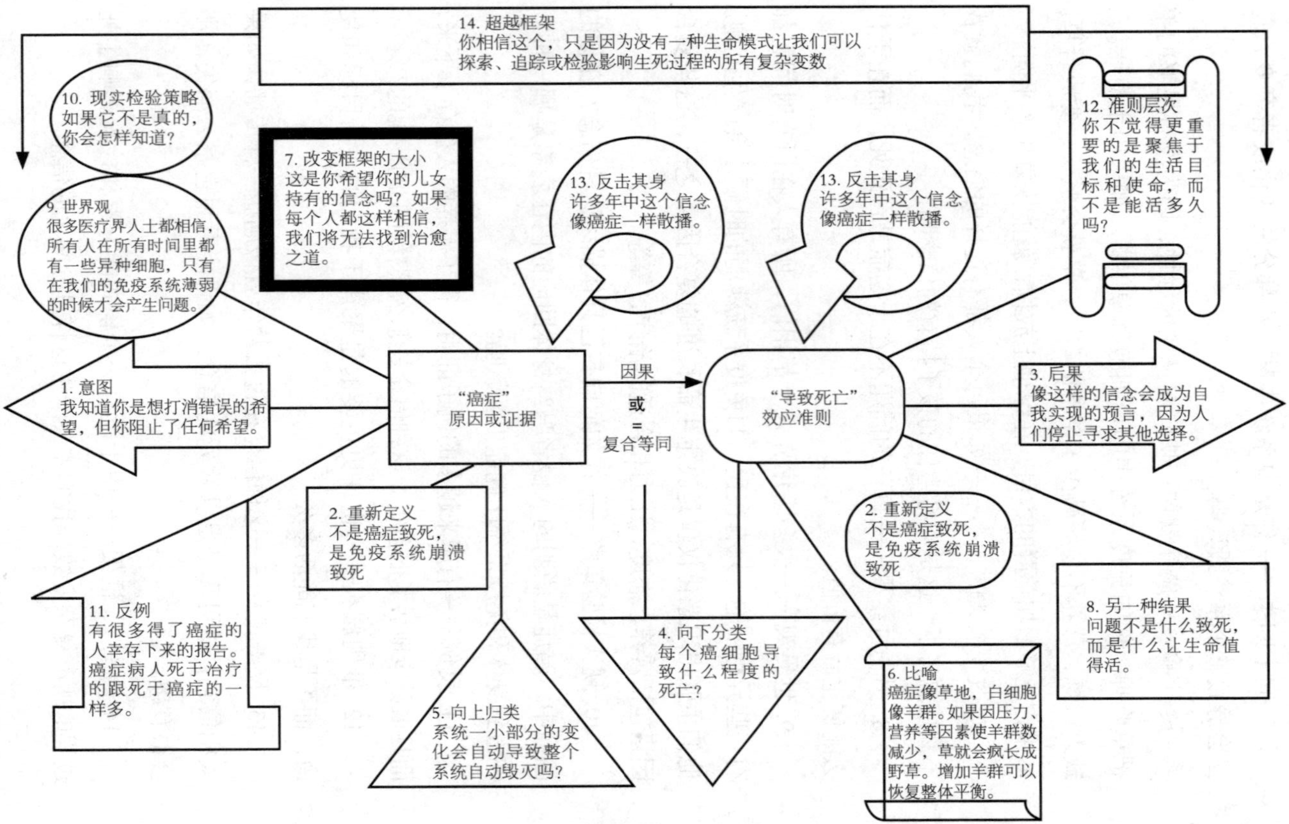
14. 超越框架
你相信这个，只是因为没有一种生命模式让我们可以探索、追踪或检验影响生死过程的所有复杂变数
10. 现实检验策略
如果它不是真的，你会怎样知道？
7. 改变框架的大小
这是你希望你的儿女持有的信念吗？如果每个人都这样相信，我们将无法找到治愈之道。
13. 反击其身
许多年中这个信念像癌症一样散播。
13. 反击其身
许多年中这个信念像癌症一样散播。
12. 准则层次
你不觉得更重要的是聚焦于我们的生活目标和使命，而不是能活多久吗？
9. 世界观
很多医疗界人士都相信，所有人在所有时间里都有一些异种细胞，只有在我们的免疫系统薄弱的时候才会产生问题。
1. 意图
我知道你是想打消错误的希望，但你阻止了任何希望。
“癌症”
原因或证据
因果
或
=
复合等同
“导致死亡”
效应准则
3. 后果
像这样的信念会成为自我实现的预言，因为人们停止寻求其他选择。
2. 重新定义
不是癌症致死，是免疫系统崩溃致死
2. 重新定义
不是癌症致死，是免疫系统崩溃致死
11. 反例
有很多得了癌症的人幸存下来的报告。癌症病人死于治疗的跟死于癌症的一样多。
4. 向下分类
每个癌细胞导致什么程度的死亡？
8. 另一种结果
问题不是什么致死，而是什么让生命值得活。
5. 向上归类
系统一小部分的变化会自动导致整个系统自动毁灭吗？
6. 比喻
癌症像草地，白细胞像羊群。如果因压力、营养等因素使羊群数减少，草就会疯长成野草。增加羊群可以恢复整体平衡。

回应术模式

第十章

结论

本书聚焦于“语言的神奇”，以及在我们对自身行为和周围世界的观点和态度上，语言产生的影响力。基于地图不是实景的原则，我们已经探索了语言对于经验和我们从经验中提取的信念与归纳总结（包括限制性的和鼓舞性的）的影响。我们也检验了语言能够以哪些方式和模式对我们的感知设立框架或者换框，无论那是拓展还是限制了我们所认识到的可用选择。

我们也对信念的语言结构做了深度分析，达成了共识：限制性信念是从问题、失败、不可能的角度来架构我们的经验。当这样的信念成为我们建构世界观的主要框架时，它们会带来我们生活和行动上没有希望、无能为力、没有价值的感觉。在这一点上，运用回应术模式的目标是要帮人们转移注意力。

1. 从“问题”框架转向“结果”框架。

2. 从“失败”框架转向“反馈”框架。

3. 从“不可能”框架转向“就像”框架。

回应术模式由十四种不同的换框模式组成。运用这些模式的目标，是将我们的归纳总结、内心的世界观与我们的经验和其他方面重新联结，形成信念的“超越”框架：内在状态、预期和价值观。本书已对每一种模式做了定义并举了例子。可以用这些模式实现这样的结果，例如：对批评换框；平衡准则层次以建立动机，表现得“就像”如此来强化鼓舞性信念，找到新的丰富的观点而更加“开始质疑”限制性信念。

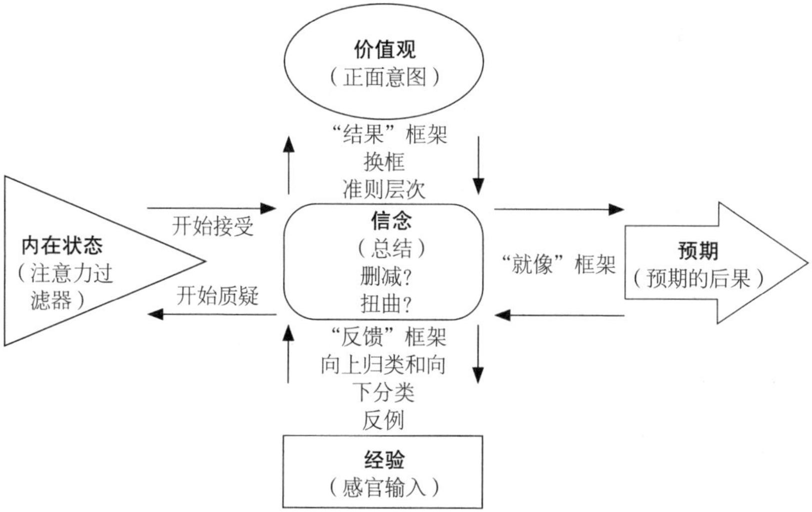

回应术模式帮我们将信念与经验、价值观、预期和内在状态重新联结以更新信念

我们使用回应术模式所遵循的根本策略是，首先，识别限制性信念背后的正面意图和推动信念的价值观，而后找出其他满足正面意图的更合适和有益的方式。各种回应术模式给我们提供了如下提示来做到这些：

1.“重新标记”和“重新分类”我们的感知。

2.识别和欣赏不同的观点和可选择的世界观。

3.发现我们用来评估“现实”、形成信念、更新信念的内在策略。探索我们建立心灵地图、形成预期、确定原因、赋予经验和周围的世界意义的方式。

4. 认识我们内在的状态对信念和态度的影响。

5. 跟随信念改变的自然过程。

6. 更好地理解语言和信念对经验的不同层次的影响。

7. 更加认识潜在的思想病毒和默认的假定与前提假设。

在很多方面，本书所呈现的仅仅是回应术模式运用潜力的开始。回应术模式组成了强有力的语言模式系统，可以用来产生更深远的改变。这些模式曾在人类整个历史中被用作激发和指导社会变革、发展我们的集体世界观的重要手段。例如，《回应术》的下一卷会考查历史人物（如苏格拉底、林肯、甘地、爱因斯坦等）如何用回应术模式塑造那些构成了现代世界的宗教、科学、政治和哲学体系。第二卷会探讨这些人如何设法确认和破框种族主义、暴力、经济和政治压迫等背后的思想病毒。

《回应术》的第二卷也会界定综合使用回应术模式和使用次序的基本策略，并探索我们形成和评估信念系统（例如乔治·波亚的似是而非推论〔plausible inference〕模式）的信念结构或“说服者”策略。第二卷也涵盖了本书所探讨的有助于下述用途的原则、特征和模式：（a）识别和确认逻辑谬误、限制性信念与思想病毒；（b）管理预期和“班杜拉曲线”；（c）处理两难；等等。

后　记

希望你喜欢探索回应术。如果你有兴趣更深入地探索这些模式或身心语言程序学的其他方面，本后记介绍了进一步发展和运用这些特性、策略和技能的其他资源与工具。

NLP 大学是为基础 NLP 技能和高级 NLP 技能提供高质量培训的组织，也促进 NLP 的新模式及其在健康、工商管理、创新与学习等领域的运用。每年夏天，NLP 大学在加利福尼亚州大学的圣克鲁兹有培训项目，提供关于 NLP 技能的延伸课程，包括高级语言模式如回应术。

更多信息请联系：

NLP University

P.O. Box 1112

Ben Lomond, California 95005

电话：(831) 336 — 3457

传真：(831) 336 — 5854

电邮：Teresanlp@aol.com

网页：http://www.nlpu.com

除了在 NLP 大学的培训项目外，我也开展国际旅行，主持各种关于 NLP 与回应术主题的研讨会和专业项目。我也基于 NLP 的原则和特性写了许多书，做了计算机软件和磁带。

例如，我最近完成了基于我的天才策略模式的一些软件工具：从愿景到行动，假想策略，以及天才冒险之旅。

关于这些项目、我的研讨会日程表或其他 NLP 相关产品资源的更多信息，请联系：

Journey to Genius

P.O. Box 67448

Scotts Valley, Ca 95067-7448

电话:（831）438 — 8314

传真:（831）438 — 8571

电邮：info@journeytogenius.com

网页：http://www. journeytogenius.com